DV
PLOMB SACRE'
DES SAGES,
OV DE
L'ANTIMOINE,

OV SONT DECRITES SES RARES
& particulieres Vertus, Puissances, & Qualitez.

Par I. CHARTIER, Escuyer, Conseiller, & Medecin ordinaire du
Roy, & son Professeur en Medecine au College Royal de France,
Docteur Regent en la Faculté de Medecine de Paris.

A PARIS,

Chez {
I. DE SENLECQVE, en l'Hostel de Bauieres proche la porte de S. Marcel.
ET
FRANÇOIS LE COINTE, ruë Saint Iacques à l'Image Saint Remy,
prés le College du Plessis.

M. DC. LI.
AVEC PRIVILEGE DV ROY.

A MONSIEVR
CHARTIER

CONSEILLER ET MEDECIN
ORDINAIRE DV ROY,

Sur son Liure intitulé,

LE PLOMB SACRE' DES SAGES.

SONET.

CHARTIER, ce Plomb Sacré, ce remede sublime,
  A toute la Science imposera des Loix,
Comme tu le décris, & comme en fait estime
Le premier Medecin du plus puissant des Roys.

L'Ignorant par son Art ne fera plus de crime,
  Si du present celeste il sçait faire le choix :
Ce diuin Mineral tous les mourans anime,
Et répand dans les corps cent baulmes à la fois.

Il s'vnit aux Métaux, les succe & purifie ;
  Il fait süer, vomir, il purge, il fortifie,
Tirons-le de la Terre, & l'éleuons aux Cieux :

Puis qu'en luy les vertus des Métaux se rencontrent,
  Si les Métaux sont Dieux, comme leurs noms le môntrent,
Doit-on pas auoüer qu'il est le Dieu des Dieux ?

BEYS.

Extraict du Priuilege du Roy.

LE Roy par Lettres patentes données à Paris, le 26. iour de Iuin 1651. fignées *Regnault*, & fcellées du grand Sceau; Faict defenfes à tous Libraires, Imprimeurs, & autres, d'imprimer, vendre, ou diftribuer vn Liure intitulé, *La Plomb facré des Sages*, compofé par le Sr I. CHARTIER, Confeiller, Medecin ordinaire, & Profeffeur de fa Maiefté, &c. & ce durant le temps de cinq ans, fans le confentement d'iceluy, fous les peines, & aux conditions portées par lefdites Lettres.

LA SCIENCE

DV

PLOMB SACRE

DES SAGES,

OV

LA CONNOISSANCE DES RARES
& particulieres vertus, puissances, & qualitez
de l'Antimoine.

VOVS souhaittez la connoissance des Mineraux, MON CHER PHILIATRE, entr'autres celle du Plomb Sacré des Sages ; les causes de son mêlange ; la maniere d'en tirer le Mercure, les Soûfres, & les Sels ; & d'y choisir pour la santé des Hommes ce que vous aurez jugé de plus precieux ; & de plus propre à les secourir dans leurs infirmitez.

Cette curiosité a pû proceder de la satisfaction que nos traitez Chemiques vous ont donnée, où vous auez appris les moyens de resoûdre facilement tout corps mêlé, même jufques à fes elemens, que la Nature reconnoift pour les plus fimples.

Dans ce deffein vous deuez imíter Enée qui fuiuit l'Oracle d'vne excellente Sibylle, apprit d'elle le chemin qu'il falloit tenir en cette entreprife, obtint par fon moyen la lumiere d'Apollon, reconnût les fecrets de ces lieux obfcurs où fa pieté & fon zêle le conduifoient: vous auez befoin d'vn fecours femblable pour paruenir aux mêmes fins, & d'vn courage pareil, pour emporter les difficiles conquêtes du Rameau d'or facré à Iunon, qui eft le guide ou plûtoft le charme de ces lieux où il fe trouue, comme dit le Poëte,

Virg. 6. des Eneides.

Aureus & folijs & lento vimine ramus
Iunoni infernæ dictus facer, hunc tegit omnis
Lucus & obfcuris claudunt conuallibus vmbra.

C'eft pourquoy voftre curiofité pour fa fatisfaction demande qu'Hippocrates, l'Interprete d'Apollon foit vôtre Sibylle ordinaire: la Nature ne connoît pas vn plus fçauant, ny vn plus habile conducteur de fes œuures que luy, qui gouuerne toutes les Maximes de cette Science par les fages conduittes, & les lumieres naturelles, lors qu'il définit la Medecine LA CONNOISSANCE DES DIEVX; qu'il ne defire communiquer qu'aux perfonnes *facrées*, ne pouuant fouffrir qu'elle foit prophanée, & mife en commun, ny traitée par d'autres perfonnes que par celles qui en font profeffion expreffe, c'eft la conclufion de fon Liure de la Loy.

ARTICLE I.
Que la Medecine eft dite par Hippocrate, la *Science des Dieux.*
Ch. 3. du liure περὶ ώχημα-σύνης. Edition de Chartier.

τὰ γὸ ἱερα ἔοντα πρήγματα ἱερoῖσιν αίθεῴποισι δίκνυται, βεɓήλοισι δὲ ὺ ϑέμις, πεὺ ἢ πελεσθῶσιν ὀργιόισιν ἐπιςήμης

Puifque ces chofes font Sacrées, il faut les môntrer

aux hommes sacrés, il n'est pas permis de les communiquer aux profanes, si auparauant ils ne sont parfaits dans les Maximes de cette Science.

Cette partie de Medecine nommée la CHEMIE est publiée vn art, ou vne *Science sacrée* par les Sages ou Anciens Philosophes Medecins, & par les Grecs Ιερα τεχνη que ces peuples ont voulu honorer du tître de *sacré*. Premierement, à cause de l'estime de cette connoissance ou de la grandeur de ce traité. Secondement, à raison de l'œuure ou trauail appellé des Grecs το μηχανημα qui est de faire l'or, & par les lumieres de la Nature tirer les vertus seminales capables de l'engendrer, & cette façon particuliere est dite χρυσοποιια Troisiémement, dautant que c'est vne entreprise haûte, grande, tres-difficile, qui doit estre de reserue, & non pas communiquée aux prophanes; lors qu'il s'agît d'extraire des corps mineraux & metalliques ce que vous auez tiré des autres mixtes, *le Mercure, le Soûfre, & le Sel,* c'est à dire, leurs plus particulieres essences, vertus, proprietez, parties homogenes & heterogenes; de rechercher dans leur plus secret interieur, les remedes propres pour chasser les maladies du corps de l'homme. *C'est où la Sagesse & la Nature se trouuent confuses* (au recit d'Hippocrates) *lors qu'ils faut apprendre de la Nature même ce qu'elle a fait dans ses mélanges* η δε φυσις κατερρυη χ κεχυται τη δε σοφιη εις το ειδωσαι τα απ' αυτης της φυσιος ποιεμωα

Voila cette Sagesse que Democrite tenoit cachée qu'il reuela au seul Hippocrates pour la recompense de sa visite, & par ce secret l'obligea de mettre en la preface de ses œuures le serment solemnel qu'il fait

ART. II.
Que la *Chemie* est cette partie de Medecine dite la *Science Sacrée des Sages.*

Ch. 3. du liure ωει ωχημοσυνης *Edition de Chartier.*

deuant toutes ſes Diuinitez de ne reueler ce myſterè
à d'autres qu'à ceux qui ſeroient de ſa famille , ou de
la lignée de celuy qui luy auroit enſeigné , & pré-
té le même ſerment; ou à ceux qui ſçauroient la Loy, ou
la conduitte de la Medecine ; & s'il eſt permis de nous
entretenir des termes ſemblables à ceux que le Sage
Pſellus auoit accoûtumé d'écrire au Patriarche Xiphilin

Manuſcript de la Biblio-theque du Roy intitulé l'Art Sacré en l'epiſtre du bien-heureux Pſellus au tres ſaint Patriar-che Xiphilin.

Ὁ οὖν πᾶσάν σοι τ᾽ ἀδηελιχίω σοφίαν ἀναχαλύ-τομδυ ὲν ϐϱά-
χὶ, χ) ὀυδὲν ἐντὸς ᾽ ἀδύτου ἀφήσομδυ· χuoy faut-il donc que
ie vous reuele en peu de mots toute la Sageſſe de Democrite, ſans rien y reſeruer de caché, ny de ſecret? vous dê-
couurirai-je les vertus cachées dans l'interieur du *Plomb
Sacré des Sages* ? & comment Hippocrates l'a tenu
ſecret ſous le nom de ſon Τετϱάγωνον?

L'aſſiduité de vôtre trauail , où vôtre étude vous
a porté, me laiſſe vaincre à vos prieres & par le même ſerment ie deſire vous l'enſeigner αἰδ(υ μίαϑου χ)
ξυνϱϱφῆς, dautant que pour mon particulier ie ce-
de ingenuëment à la vertu & au merite de ces
Sages qui ont écrit du ſujet dont ie traîte ; mais
preſque tous leurs ouurages remplis d'enigmes, de fa-
bles, de noms inconnus & d'autres pieces faites à plai-
ſir, paroiſſent ſi difficiles & ſi obſcurs , que voſtre
eſprit, quoy que tres-delicat , ne pouroit ſans grande
peine y trouuer ce que vous y cherchez, ſi l'affection
que i'ay pour vous, ne me faiſoit entreprendre de vous
tracer vn chemin aiſé pour arriuer à la perfection de
cette connoiſſance.

Art. III. L'origine , l'antiquité & l'ethymolo-
Ie veux donc vous faire part d'vne tres-noble, tres-
ſçauante, & ancienne ſource & veritable racine de ce
mot de Chemie qui m'a eſté appriſe par vn des

Illuftres de ce temps, m'eftant addreffé à luy pour fça- gie de la *Che-*
uoir la raifon qui l'auoit obligé de fe feruir du mot *mie,* & qu'el-
de C H E M I E & non pas de C H Y M I E dans les le eft la Science d'Egypte.
affiches que l'on a faites depuis quelques années au
I A R D I N R O Y A L pour le cours Chemique con-
formement à l'inftitution de ce Iardin ; ce qui n'auoit
pas encore efté fait depuis fon eftabliffement ; il me
répondit que C H E M I A ou A L C H E M I A fignifioit
L A S C I E N C E D'E G Y P T E , que l'on auoit igno-
ré iufques à prefent que la diction C H E M I E venoit Kircherus in
prodromo
de Χ E U I *Chemi* ancienne diction des Coptites ; Copto fiue E-
tirée de Cham fils de Noé, auquel l'Egypte eftoit de- gyptiaco.
meurée en partage , & qu'en cette langue coptite , qui
eft l'ancienne d'Egypte, appellée depuis auffi Pharao-
nique ; *Chemi* fignifioit l'Egypte ; d'où on a deriué
le mot de C H E M I A ou A L C H E M I A pour ex-
pliquer la fcience des Egyptiens ; d'où les Philofophes affeurent que la premiere connoiffance a pris
fon origine , & plufieurs anciens Philofophes comme
Geber & autres ont intitulé leurs écrits de A L C H E-
M I A , & non pas de A L C H Y M I A : Cette fcience
a efté tranfportée chez les Grecs qui ont auffi pris leurs
characteres des Coptites ; comme l'on peut voir par
l'Alphabet Coptite , & ont nommé l'Egypte χημί Plutarque au
liure de Ifid.
& χημίαν par vn η & non pas par vn iota ni par vn & Ofirid.
vpfilon. Pour donc reconnoiftre cette fcience tranf- Hipp. de la
portée chez les Grecs il faut en prendre les Maximes Nature hu-
chez Hippocrates à qui elle a efté reuelée, & tirer de maine.
fes oracles cette Sageffe qui y eft confufe auec la Medecine par les conclufions fuiuantes. Refouuenez-
vous que tous les corps mêlez font compofez des

Hipp. au liur.
περὶ αἰχῶν

quatre elemens , 2. que la Terre a eu pour ſon partage plus de feu & en diuers degrez que les autres,
3. que la Loy par laquelle les mixtes ſont formez &
façonnez donne & permet aux vns d'auoir plus de
feu & aux autres moins. 4. que la Terre eſt la baze
des corps mêlez , & que les autres elemens qui ne ſe
peuuent borner d'eux-meſmes, empruntent d'elle leur
ſoûtien & leur fondement. 5. que le feu eſt l'agent
de la Nature 6. que le feu comme tout autre ele-

Ariſtote liur.
μετεώρων

ment dans ſon ſouuerain domaine dêtruit tous les
corps mêlez ; même les trois autres elemens ſont con-
traints de luy ſeruir de nourriture , aſſiſtent & ay-
dent à conſommer & dêtruire tous les mixtes , de
ſorte que ces quatre Architectes ſont eſtimez les Autheurs de l'être & de la conſeruation de châque corps
mêlé, & eux-meſmes dêtruiſent , corrompent & ſont
perir les meſmes corps qu'ils ont éleuez ; les reſoûdent
pour en former d'autres , auſquels ſemblablement ils
donnent la naiſſance & ſont les cauſes de leurs per-
tes : ce qui a obligé la Nature à donner à vn châcun
ſon temperament , c'eſt à dire la trempe pour durer &
reſiſter quelque temps aux injures de ces Autheurs,
iuſques à ſa deſtruction , pendant lequel temps elle
qui preſide à ces mélanges , ſçauante comme elle eſt ,
produit & fait produire diuers & merueilleux effets,
n'étant adonnée qu'à la diuerſité des generations &
à rendre à châque corps mêlé ce que les Grecs ont
appellé ἰδιοσυγκρασίαν c'eſt à dire vne parfaite vertu
qui reſulte du mélange particulier d'vn ſeul mixte ,
& de la juſte diſtribution & graduation des elemens.
Voila pourquoy le Plomb Sacré a eu de la Natu-

re vn corps mélé où elle a fait vn admirable affortiſ-
ſement d'élemens deſquels il emprunte vne rareté
parfaite & tres-ſecrete proprieté & vertu, par laquelle il a eſté mis au nombre des pretenduës diuinitez:
Ie m'explique ſur ce ſujet.

Les Anciens, mon cher Philiâtre, qui ont caché
les corps mélez mineraux & metalliques ſous des fa-
bles, caballes, & traditions pour en obſcurcir la verité
& priuer les prophanes de ces lumieres ; ont reconnu ſous le nom de Diuinitez *ſept puiſſances* principales ; auſquelles ils ont donné des pouuoirs & des
forces tres-haûtes qu'ils ont authoriſé des noms de
SATVRNE, IVPITER, MARS, SOLEIL,
VENVS, MERCVRE, LVNE. D'où les
Aſtrologues ont remarqué leurs characteres au Ciel;
leurs actions ſignifie par leurs courſes que nos
regions baſſes eſprouuoient leurs influences, ou
puiſſances, & les ont appellés à raiſon de leurs
mouuemens ou courſes Πλανῆτας les Planetes &
les ont marquez dans leurs liures ſous ces formes
♄ ♃ ♂ ☉ ♀ ☿ ☽ Les Medecins Philoſophes Chemiſtes imitans Hippocrates, ſuiuans leurs ſens ac-
compagnez de la raiſon ont fait eſtime de ces influences, les ont conſiderées principalement lors
qu'ils ont reconnu que ces *puiſſances* eſtoient miſes
dans les entrailles de la terre, comme dans le *greffe*
particulier du firmament ; où ſe trouue viſible-
ment ce que nous croirions eſtre inuiſible à nos yeux,
& trouuent que ces pretenduës Diuinitez ont emprunté des ſubſtances terreſtres ; ſont palpables, met-
tant au jour les effets de leurs puiſſances ; & ſe font

ART. III.
Que les An-
ciens ont ca-
ché ſous les
noms de leurs
Dieux les Me-
taux, & l'An-
timoine ſous
celuy de Vvl-
can.

connoiſtre aux ſçauans ou aux Sages, qui les repreſen‑
tent dans leurs écrits ſous les meſmes charaĉteres &
figures.

Commencez‑vous d'entendre les *myſteres ſacrez*
de ces Dieux terreſtres ; ne voyez‑vous pas S A T V R‑
N E reuétu de *Plomb*, I V P I T E R en *Eſtain*; M A R S
tout de *Fer* ; & le S O L E I L de la couleur de ſa lu‑
miere en *Or* ; V E N V S en *RoƷette* ou *Cuiure*,
M E R C V R E auec ſes aîles en *Argent vif* ; & la
L V N E en fin *Argent* ; leurs influences & leurs
vertus enchaſſées dans leurs mélanges par leſquelles ils
ſe ſeparent & s'vniſſent. L E P L O M B S A C R E'
ſçait découurir les ſecretes puiſſances de ces corps
mélez que l'on appelle vulgairement L E S M E‑
T A V X ; Il a eſté caché ſous la fable de V V L C A N

Iliad. A

qui, au recit d'Homere, entre & penetre dans la
demeure de ces Diuinitez, emporte leurs ſecrets,
leur laiſſe vne admiration de ſes effets, lors qu'il
ſe precipite en terre, où il prend ſon corps mélé &
dés vertus ſi excellentes qu'il engage ces Dieux d'Ho‑
mere à l'étonnement, faiſant paroiſtre aux hommes ſes
particulieres vertus qu'ils vouloient leur eſtre incónuës.

C'eſt cette ſcience d'Egypte qui vient de C H A M,

Philon Iuif. ainſi dit de la racine Arabeſque, C H A M M O N qui

ſignifie le feu, mais vn feu de repos qui eſt benin, & con‑
ſerue les metaux comme les hommes. Voicy cette

Baſile Valen‑
tin en ſon
char triom‑
phal de l'*An‑
timoine*.

Poppius.

P I E R R E D E F E V qui roule & penetre les
corps metalliques. Pour les meſmes conſiderations il
a eſté nommé L A R A C I N E M E T A L L I Q V E,
& le P L O M B S A C R E' à cauſe de ſa naiſſance, étant
eſtimé

eftimé le *fils naturel de* SATVRNE, & qu'il eft de la race des Dieux, & paffionnement aimé de VENVS; Ils ont peint cette affection par ce caractere ♄. fon amour metallique a efté deriué de la racine Arabefque ☞ CHEM, & fon mélange d'elemens la fait nommer *Sacré* par les *Sages* à caufe qu'ils l'ont reconnu ἀποτέλεσμα τῆς φύσεως vn des mixtes le plus parfait de la Nature. Bafile Valentin.

C'eft ce que nous appellons communément L'ANTIMOINE, diction qui eft nouuelle, & d'origine Françoife, qui peut auoir efté tirée d'Ἄνθος Ἄμμφνος, étant le luftre, l'éclat & la fleur de IVPITER, ou l'vn des plus excellens mineraux de fa race; L'experience appuye & confirme cette penfée. L'on fçait que l'*Eftain* & le *Plomb* n'ont pas de fubfiftance affez forte pour feruir aux ouurages des hommes, & refifter à la violence du feu, s'ils n'eftoient alliés à l'ANTIMOINE. 2. Les *vaiffelles antimoniées* defquelles on fe fert aujourd'huy demôntrent le luftre, l'éclat & la dureté qu'elles empruntent par fon affiftance. 3. Les *caracteres qui feruent aux Imprimeries*, ne pourroient mettre en lumiere tant de *liures* fi l'ANTIMOINE ne leur feruôit en cét vfage de foûtien, d'appuy & de force pour refifter aux trauaux. 4. Les *Cloches* & les timbres font paroiftre vne netteté en leurs fons qu'ils ont emprunté du *regule* d'ANTIMOIN. 5. Les *Bombes* fe precipitent comme Vvlcan, & tombantes de haût en bas, ruïnent & foudroyent à leur rencontres ce qui leur refifte, affiftées de fa force. 6. Les *Canons* qui vomiffent les foûdres auec lefquels les Rois tirent leurs dernieres raifons, & font fignaler leur colere,

ART. V. Les rares vertus que l'*Antimoine* communique aux metaux.

La refiftance au Feu.

2. La Dureté.

3. Le foûtien.

4. La netteté de Son.

5. La Force.

6. La dureté.

B

. La corre-
ction metalli-
que.

se treuuent eftre de plus de durée à la chaleur du feu
par l'alliage de l'ANTIMOINE. 7. Les orgues mémes qui
feruent à la mufique, n'auroient pas *l'harmonie* & la
delicateffe du fon & ne feroient pas affez juftes pour
refonner les tons differens fi le Forgeron n'auoit par fon
mélange moderé l'aigreur de Iupiter.

C'eft ce qui a obligé les Anciens à luy donner les
Cyclopes à gouuerner ; leur enfeigner à s'endurcir à
la peine, & l'établir gouuerneur general des forges
diuines. Vous fçauez que parmy les METAVX il y a
deux fortes de Soûfres ; l'vn eft combuftible, c'eft à
dire inflammable, qui prend & conçoit tres-aifément
la flamme ; l'autre eft incombuftible qui refifte au feu,
& ne s'y confomme pas, au contraire il preferue fon
metal contre toute éleuation de degré du feu de fonte.
L'ANTIMOINE gouuerne toutes les forges metalliques, & par fon *foûfre* incombuftible il fe joint à tous
les Metaux, & purifie vne partie de leur *foûfre impur* & combuftible ; par qui la fubftance fufible des
METAVX IMPARFAITS au lieu de refifter au
Feu, fe calcine, fe deleiche & fe vitrifie comme aux
SATVRNE, IVPITER & VENVS, ou bien s'en-
durcit & s'écaille comme au MARS, ou s'exhalle &
s'enuolle comme au MERCVRE ; laquelle fubftance aux METAVX PARFAITS s'exalte, & fe
purifie tant plus elle eft combatuë de la violence
du feu comme au SOLEIL & à la LVNE,
D'où vient que l'ANTIMOINE qui fçait
gouuerner tous ces metaux rend au *Soleil* dans fon
bain fa clarté, le graduë de luftre de couleur & de

1. La gradua-
tion du Karat.

Karat ; c'eft pourquoy il a efté nommé φαέθων à cause qu'il sçait porter la lumiere & rendre le lustre au Soleil, méme χρυσαῖμα ou χρυσῖτης, d'autant qu'ils ont estimé que de son corps l'on pouuoit extraire l'Or Potable & le Sang de l'Or. 2. Il embellit la Lvne, releue son teint, & la rend plus vermeille: Et auec Mars que ne produit-il pas ? Tout le monde sçait que le *Fer* ou l'*Acier* sans luy ne se peut refondre ; il s'amollit bien au Feu pour souffrir le marteau & se rendre ductile à ses coups ; mais pour se refondre vne seconde fois il n'est pas en sa puissance s'il n'est assisté de l'Antimoine qui luy fournit le soûfre incombustible & le fait fondre auec soy. Voilà pourquoy il a esté nommé des Grecs Άρης πυῤῤόεις l'Estoile de Mars, comme vous sçauez que l'on fait au cours Chemiques dans l'operation dite *regule de Mars étoillé.* 4. Quant à Mercvre il est tellement son amy qu'il semble que ce ne soit qu'vne mesme chose ou vn mesme Mercure, dans le liure de la *Science sacrée* il est nommé Έρμης έτερα, vn autre Mercvre à cause de l'étroite alliance qu'ils ont contractée tous deux ; de façon que l'Antimoine luy préte son corps, son domicile & ses vertus ; & pour ce sujet il est appellé Έρμης σίλβων Mercvre resplandissant. 5. Venus par la mesme raison est nommée Άφροδίτης φώσφορος, *Porte-lumiere,* & par l'étroite alliance qu'elle a auec Vvlcan elle a produit deux *amours* armés de diuerses flesches ; les vnes sont d'*Or,* & les autres d'*acier,* pour témoigner leur affection tant enuers l'Or que le Fer. 6. Pour estre le bâtard de Satvrne il n'est pas à mépriser ; puisque l'affe-

1. La teinture.

3. La Fusion.

4. La Penetration.

M. R.

5. L'amour metallique.

ction du Pere fe reconnoift en ce qu'il luy a non
feulement laiffé fa puiffance, fes marques, fes epithetes & fes figures : mais mefmes l'a honoré du
tître & du nom des autres Dieux. C'eft pourquoy
vous trouuerez l'ANTIMOINE fous ces termes
& caracteres χρόνος. Μολιβδόχαλκος. θεῖον ἄθικτον ἡ
πυεί φλεκτι καὶ χρόνος ἀΰρρυτος καὶ ὕδωρ μολίβδου ;
καὶ ἡ λϵυκὴ αἰθάλη ἡ ℂ λέγεται χρόνος φαίνων.

$$\sigma ουΉ. \ \ ἡ \ 乙. X. ℔ Ζ. Ζ Ζ. ℔. tvω. ℔ 𝔛.$$
$$\acute{o} \ 𝔥 \ β. \ 𝔥 . \ \odot \ \acute{o} \ 𝔥 \ Γ'. 𝔥. F. 𝔥$$

Enfin IVPITER luy confie en main fes armes qu'il
luy fait exercer felon fes volontez ; ce qui caufe qu'il
eft fouuent pris pour IVPITER, & dit en Grec
Κασσίτηρος.

Vous remarquez ; MON CHER PHILIATRE, dans
ces diuerfitez de noms & d'alliances, l'affection que
l'*Antimoine* à pour ces metaux; les bien-faicts qu'il leur
communique; les diuerfes fabriques & compofitions
que caufent fes rares vertus; à caufe defquelles il a été
nommé Μαγνῆσια *Aimant des Metaux* par cette comparaifon que l'*aimant* fert de conduitte & pointe droit
vers fon êtoille qu'il regarde & pourfuit inceffament
comme nôtre *Antimoine* à fa *vertu aimantine*, par laquelle il ayme & fert de conduitte à tous ces métaux
pour leur donner vne plus grande perfection. I'aurois
peur de vous être ennuyeux fi je vous faifois le re
cit de tous fes autres epithetes que mettent au jour
ceux, qui le veulent cognoiftre & le tenir caché ; d'autant que fa beauté *aimantine* de laquelle il fe fert à

attirer apres foy fes curieux, fait qu'ils ne l'ont pas fi
tôt connu qu'ils fouhaittent de le poffeder feuls &
priuer les autres de fa connoiffance; ce qui eft la caufe qu'ils luy ont donné des noms qu'ils ont inuentez, fans autre raifon que pour l'ôter du jour &
de la veuë de ceux qu'ils en croyoient indignes. Pour
exemple, ils cachét l'ANTIMOINE fous les noms des animaux ou des pierres precieufes qu'ils inuentent en ces
termes: *Prenez du Lyon noir qui ait les yeux êtincelans*
comme Opalles, & par cette façon de parler, veulent
dire; prenez de l'ANTIMOINE Voicy donc la clef mi-
neralle que ie vous mets en main pour ouurir non
feulement les corps metalliques; mais auffi pour def-
filler vos yeux, & leur faire voir les *teinture,* & qualitez tant exterieures qu'interieures de l'ANTIMOINE.

Les Hebreux chez qui les plus beaux fecrets ont
êté trouuez, appellent en leur langue vne Pierre pre-
cieufe que nous nommons Emeraude נפך *Nophech* qui
fe tire de l'ANTIMOINE; le docte Rhabbi Sadias jnter-
prete de ce mot de *Nophech,* veut que ce foit le
même que les Arabes ont entendu par leur diction

ART. VI.
La connoif-
fance que les
Hebreux,
Caldéens &
Arabes ont
eu de l'An-
timoine.

الاثمد *Atmidon,* & conclud que *Nophech* & *Atmidon*
fignifient l'ANTIMOINE; que l'on peut extraire de luy
des teintures & coloris diuers pour les Pierres precieufes & dêguifemens des criftaux en *rubis, ême-*
raudes, opalles, & autres, felon fes diuerfes preparations. Vous fçauez que l'ANTIMOINE dans fa fonte re-
prefente toutes les couleurs des autres Métaux; que
de fes entrailles on tire des *teintures* differentes; tant
pour colorer les Pierreries, que pour conferuer & *em-*

bellir les yeux , qui font les organnes propres à dif-
cerner les diuerfes fortes de couleurs: d'où vient que
les Chaldéens, Rabbins, & Arabes, ayans êgard aux

grandes vertus Antimonialles, d'vn feul mot dit الكُحْل

Alcohl en leur langue, ont fignifié la Couleur le, Collyre, & l'ANTIMOINE, pour exprimer que l'ANTIMOINE
eft propre à colorer, c'eft à dire que de fes parties interieures on tire plufieurs fortes de *couleurs* , tant
pour embellir les *yeux* , que pour ôter & arrêter les
fluxions qui pourroient les incommoder ; repouffer
les humeurs piquantes qui feroient caufe d'inflammation , ou de folution de continuité.

Ce mot doit feruir à faire remarquer que l'vfage
de l'ANTIMOINE eftoit fi particulierement connu des
grandes Dames de ce temps-là, qu'elles s'en feruoient
pour s'embellir le vifage & les *yeux*. Le Prophete
Ezechias reprochant à ces Dames qu'elles s'embellif-
foient pour plaire aux Affyriens, Caldéens, & Egyptiens explique cette verité en ces termes: ἐλούς ἐλούς
καὶ ἐστίβιζε τοὺς ὀφθαλμούς ζου καὶ ἐκόσμου κόσμω &c.
Incontinent, dit-il , *vous eftiez lauées & adouciffiez vos*
yeux auec l'ANTIMOINE, *& preniez vos ornemens pour*
leur plaire. Pour le mot ἐστίβιζε le texe Hebreu dit
כהלת *Cahalt*, c'eft à dire *vous eftes âjuftées & auez laué*
vos yeux auec l'ANTIMOINE. La paraphrafe caldaïque explique *vous auez appellé les Affyriens , Caldéens & E-*
gyptiens , les auez enuoyé querir par Ambaffadeurs exprés
pour offencer Dieu auec eux , & pour leur plaire dauan-
tage , comme des impudiques vous vous êtes lauées , embellies
*& fardées d'*ANTIMOINE, d'où les Caldéens l'ont

nommé בחל *Cohal*, & les Arabes كَحْل *Cohl* à caufe qu'il embellit la veuë, les Grecs l'ont dit ςίςι à raifon de fa *teinture*, qui par fa *noirceur* embellifloit les cils & les fourcils des Dames, méme en Efpagne les femmes ont encore cette coûtume de fe noircir les cils & les fourcils auec l'ANTIMOINE, qu'elles appellent *Piedra de Alcohol*, diction tranfportée des Arabes en ces lieux, tirée de la racine كَحَلَ *Cahala*,

d'où vient كَحَلَ الأَعْيَن *Cahala al haina*, qui fignifie *il s'eft mis vn collyre aux yeux; il à frotté fes yeux d'*ANTIMOINE, dans l'Ecriture fainĉte καὶ Ἰεζάβελ ἤκουσε, καὶ ἐςτίβιςατο τοὶς ὀφθαλμοὶς *Jefabel entenuit, & fe peignit les yeux auec l'*ANTIMOINE le Texte Hebreu dit : ותשם בפוך עיניה *Vattafem bappouch eneha. Elle compofa fes yeux auec l'*ANTIMOINE, ou la Paraphrafe Caldaïque explique; *elle donna couleur à fes yeux auec l'*ANTIMOINE, וכחלת בצרירה עינהא *Vechahalath biffirah eneha*, d'où ils l'ont nommé en leur langue פוך *Pouch*, Poudre noire faite d'ANTIMOINE pour peindre les yeux & le vifage.

Galien âuouë que les Dames de Grece fe feruoient de l'ANTIMOINE pour pareil deffein ; l'eftime non feulement propre à leur embellir les paupieres, mais à leur fortifier les yeux, à fupprimer toute fluxion qui pourroit les incommoder ou lâcher leur temperament en ces termes ; Ὀφθαλμοὶς ῇ τςάσσης δξὰ τῶ φρ.γὲς λίθυς χρώμθυος ξηρᾷ χρΑλυείᾳ Τοῖς βλεφάροις ἐπάγων ῇ μάλλω χωεὶς τῶ πεςβατεαθαι τῶ χῇ Ὅι ὀφθαλμοὶ ὀς-

ART. VII.
Cóment Galien a connu
l'Antimoine.
Chap. 12 liur.
6. de la confervation de
la fanté. Edition de Charier.

δὲν ὑμεῖνος ὕτω ποςεὶ προσβάλουσιν ὁ σήμερον καὶ αἱ στιμμιζόμε
ναι γυναῖκες. *Vous rendrez aux yeux leurs forces si vous
vous seruez de Collyre sec, & qui auec le pinceau vous
en peigniés vos paupieres sans toucher la membrane interieure de l'œil; comme pratiquent tous les jours les Dames*
ANTIMOINIE'ES. C'est pourquoy il se vante d'auoir
trouué vn tres-excellent remede pour les yeux appellé
par luy ἐμὸν ξηρὸν *mon collyre sec*; espece de remedes
dits des Grecs ἀποδακρυτικὰ καὶ ἀποκρυτικὰ qui em-
peschent les larmes de couler, repoussent toutes les
ferositez picquantes qui pouroient endommager les
yeux & y suppriment toutes sortes de fluxions; *de
façon que celuy qui s'en seruira, dit-il, ne poura iamais y
ressentir aucune inflammation*, en voicy la description.

Chap. 6. liur.
4. de la com
position des
medicamens
simples selon
les parties.
*Edition de
Chartier.*

℞ χαλκοῦ κεκαυμένου Γο΄ α΄ ὅ ἐπ' ἐστὶ δραχ. ϛ΄. πεπέρεως λευ
κοῦ ὁ ἴσον φύλλου μαλαβάθρου ὁ ἴσον Στίμμεως τὸ ἡ μά
λιον ὅ ἐπ' ἐστὶ δραχ. ϛι΄. τούτοις μίγνυε τῇ κεκαυμένου λίθου
λίτραν α΄ κᾀπειδὰν ἅπαντα καλῶς λεωθῇ καὶ μέλλης
αἴρεσθαι ὁ φάρμακον ἐπέμβαλε τῷ Συριακοῦ ὁποβάλ-
ζαμου Γο΄ α΄ ϛ΄ ὅ ἐπ' ἐστὶν αὐτῇ ὁ πᾶν δραχ. ιβ΄. c'est
à dire :

℞ *Cuiure brûlé, du poivre blanc, feüilles de malabatron.
anna* ʒviij. ANTIMOINE ʒxij. mélez de la pierre brûlée ℔j. & apres que le tout est bien laué
prenez le remede auec ʒiſſ. d'opobalsame syriac qui
fait en tout ʒxij.

Galien ne se contente pas de méler auec l'ANTI-
MOINE les autres remedes metalliques, mais il

Chap. 3. liu. 9.
des medica-
més simples.
*Edition de
Chartier.*

donne la raison pour laquelle il est employé dans les
collyres Στίμμι πρὸς τῇ δυνάμει τῇ στρυφνῇ καὶ τὴν τύψιν
ἔχει τὸ φάρμακον τοῦτο. διὸ καὶ τοῖς ὀφθαλμικοῖς φαρμάκοις
μίγνυ-

μίγνυται, τοῖς τ᾽ ἀνατλατομδύοις εἰς τὰ καλούμενα κολλύεια καὶ τοῖς ξηροῖς ἃ δὴ ξηρὰ κολλύρια προσαγορ᾽ύοισι.

L'ANTIMOINE ce medicament; outre sa faculté des-
siccatiue a encore vne astriction jointe; qui est la cause de
son mélange auec les remedes qui sont propres aux yeux
preparez pour collyres, tant humides que secs qu'ils ont appellé collyres secs.

Vous voyez (MON CHER PHILIATRE) que
l'ANTIMOINE n'estoit seulement pas connu par
Galien, mais jugez de la raison par laquelle il le prouue,
& qualifie remede. Tout remede qui par sa propre
substance fortifie la partie malade, & chasse les causes de la maladie contraires à la partie est reputé tres-
excellent. L'ANTIMOINE fortifie l'œil, empêche
& bannit les causes qui pourroient l'offencer : pour
cette raison il est tres-excellent remede de l'espece de
ceux que les Grecs ont nommé τὰ κολλύεια πρὸς ὃ
χαλύψ ὃν ῥοῦν à cause qu'ils arrêtent la fluxion ; on ne
peut arrêter vne fluxion qu'en desseichant l'humeur
qui se jette sur la partie, & par consequent il faut
que le Collyre ait sa vertu desliccatiue auec vne astriction mêlée pour satisfaire au raisonnement de Galien qui n'appelle pas simplement l'ANTIMOINE
remede, mais προφυλακτικὸν *Conserue des yeux*, de laquelle tous les Peuples qui étoient sous l'obeïssance des Ro-
mains se sont seruis, & ont trouué ce remede infaillible
par experience, tant pour détourner les fluxions des yeux,
que pour leur rendre vne netteté brillante, dissiper les nuages, repousser la fluxion ou la resoudre, sans qu'il
soit besoin de SAIGNER, selon l'obseruation de
Galien en l'intitulation d'vn autre Collyre dit ῥοδ᾽δεον

C

φλακιδνον Aποκεϑλιον principalement pour les maladies des *yeux* dites des Grecs 'Επιφοραὶ καὶ περιωδυνίας desquelles il deliure par le secours de l'Antimoine sans l'vsage de la *Saignée* en cette façon.

℞ Aκακίας χυλοῦ δραχ. κδ'. καδμείας δραχ. η'. κάλκου κεκαυμᾶκδ καὶ πεπλυμᾶκδ δραχ. η'. Συμμεως δραχ. ις'. Aλόης δραχ. δ'. κρόκου δραχ. γ'. σμύρνης δραχ. γ'. Λυκίε τυδικοῦ δραχ. Ϛ'. κασορείε δραχ. α'. ὀπίε δραχ. Ϛ'. κόμεως δραχ. κδ'. ὕδαλι ὀμβεία ἡ χρῆσις δι' ὡῦ ; ἡ κρασις παχυτίερα ; ὃ κολλύειον οἰδημπῖ τοῖς βλεφαρεις 'Επιφέρι.

℞ Suc d'*Acacia* ℥xxiiij. *Cadmie* ℥viij. *Cuiure brûlé & laué.* ℥viij. Antimoine. ℥xvj. *Aloès* ℥iiij. *Myrrhe* ℥iij. *Suc de Lycium. Indic.* ℥ij. *Castor.* ℥j. *Opium.* ℥ij. *Gomme* ℥xxiiij. *l'edulcoration est auec l'eau de pluye, l'vsage auec l'œuf; la consistance plus épaisse, & ce Collyre cause aux paupieres vne tumeur apres en auoir enleué les douleurs.*

Vous pouuez remarquer que ce n'est pas seulement aux Collyres secs qu'il employe l'Antimoine, mais aux Collyres humides mêmes, il fait si grande estime des remedes ou ce mineral est mêlé, inuentez par ses compagnons & ceux de son temps, qu'il les à voulu mettre en lumiere en ses écrits, que ie desire vous faire connoistre, afin que vous n'ayez aucun doute que Galien ait sceu comment il falloit preparer l'Antimoine.

Capiton composoit vn Collyre sec duquel il se seruoit, tant pour deffensif de l'œil, que pour son embellissement.

℞ Kαδμείας δραχ. η'. χαλκοῦ κεκαυμᾶκδ δραχ. η'. Συμμεως δραχ. η'. πείσας καὶ ἀπελώσδιος κα πυρλῶι μύλης ὑποσιμμίζων τὰ βλεφαρα καὶ περὶ καὶ πρός ἑσπεραν.

♃ *Cadmie*, ʒviij. *Cuiure brûlé*, ʒviij. Antimoine, ʒviij. *seruez-vous en apres que vous les aurez triturez & lauez, & vous en* Antimoniez *les Paupieres anec vn pinceau le matin & le soir.*

La Medecine à cela d'excellent de ne s'arrêter pas seulement à guerir les grandes infirmitez; mais elle desire le parfaict rétablissement des parties vsées, pour la conseruation desquelles elle se sert de la *cosmetique*, qui apprend à rendre à vne partie offencée sa couleur, sa beauté, & son lustre, auec des remedes particuliers dont elle vse à dessein de reparer les deffauts causez aux parties, comme môntre Capiton par son remede qui conserue en même temps & embellit les yeux, pour les raisons cy-deuant expliquées. L'Antimoine êtoit tellement en vsage du temps de Galien, que vous pouuez le prouuer par cette façon de parler ὑποστιμμίζων sovs-Antimoniant les Paupieres, qui vient de στίμμι qui signifie l'Anti-moine, *Metal* (selon Dioscorides) à *fondre les autres Métaux*, duquel les femmes se seruoient à noircir leurs yeux pour pâroître brunes, d'où vient στιμμίζεται qui signifie se parer, donner lustre aux yeux auec l'Antimoine. Le méme Capiton, au recit de Galien, en décrit vn autre.

♃ Καδμείας καυθείσις καταπεφείρηται δραχ. η'. χαλκỹ κεκαυμένȣ δραχ. η'. Στίμμεως δραχ. δ'. Ἀρμενίȣ δραχ-ϛ'. τέλψας ἢ ἀπολύσμȣ χρῶ.

♃ *Cadmie brûlee, comme dit est*, ʒviij. *Cuiure brûlé*, ʒviij. Antimoine, ʒiv. *d'Armenie*, ʒij. *le tout trituré, reposé, & edulcoré, soit pour le seruice.*

Galien adjoûte vne autre preparation que celle de

Capiton ; d'autant que Capiton calcine l'Antimoine
& les autres remedes metalliques simplement , & les e-
dulcore auec l'eau de pluye. Et Galien calcine lesdits
remedes estans frottez & baignez dans la graisse des
uiperes, puis il les laue , éteint ou edulcoré en *vin*:
Sozander autre Medecin du temps de Galien , prepa-
paroit autrement ces mesmes remedes & s'en seruoit
apres leur calcination & edulcoration en vin, comme
il décrit,

℞ Καδμείας Στίμμεως , χαλχίτεως ὠμῆς μίσυος ξενιχοῦ
ἀνὰ δραχ. ή. κόψας χαὶ μέλιλι φυράσας ὅπ᾿Ια χαταπερείρηται, ἔπτα οἴνῳ χαταβρέξας χαὶ λεάσας χαὶ ξηράνας ἀπελύ-
μένος χρώ·

℞ *Cadmie*, Antimoine *Calcitis cruë , Misy sau-*
uage , ana ʒviij. *concassez & les enueloppez de miel,*
comme il est dit , & les calcinez , puis apres les auoir
éteint en vin , triturez , les sechez , & vous en seruez.

La preparation de *Sozander* est differente des autres, en ce qu'il fait calciner les métaux les ayans
enuironnez de miel, puis esteints dans le vin: il y
adjoûte du Nard & du Saftan desseiché, comme aussi
du Poivre, où ayant mis le tout en poudre , il s'en
sert auec les doses suiuantes.

℞ χαλχίτεως ὠμῆς καδμείας Στίμμεως μίσυος ξενιχοῦ ἀνὰ
δραχ. ή. νάρδου ινδικῆς δραχ. ϛ᾿. χρόχου πεφωγμένου δραχ.
ϛ᾿. πεπέρεως δραχ. α᾿. τὰ μεταλλιχὰ μέλιλι φυράται χαὶ χαίε-
ται χαταπερείρηται ἔπτα οἴνῳ χαταβέννυται ᾗ λεαίνιται
τούτοις ᾿ὀπιβάλλεται ᾿ὅτε νάρδινον ᾿ὅτε χρόχινον πεφωγμένον χαὶ
ᾧ πίπιει ἔπτα συλλεαίνυτες ἀπελώμμοι χρώμιθα.

℞ *Calcitis cruë* , Antimoine , *Misy sauuage,*
ana, ʒviij. *Nard d'Inde,* ʒij. *Safran desseiché,* ʒij. *Poivre,*

3ĵ. *Les Metaux ſont accommodeȥ ☞ prepareȥ auec le Miel, calcineȥ comme auparauant, puis on les edulcore en vin, ☞ on y adjoûte le Safran ☞ le Poiure broyeȥ pour s'en ſeruir.*

Autre remede tres-excellent inuenté par Galien, pour orner & embellir les paupieres, enſemble pour les fortifier, chaſſer des yeux les ophtalmies inuete-rées.

♃. Στίμμεως κεκαυμῶυ ʒ οἴνω κατεσβεσμῶυ δραχ. ις'. μολύϐδου κεκαυμῶυ ʒ πεπλυμῶυ δραχ. ή. λιϐαὶ αἰ-θάλης ; ναρδοςάχυος, σμύρνης πεφωγμῶης κρόκου λεπίδος χαλκῦ ἀιὰ δραχ. ά. ἅπαντα λείανας αἰελῶμῶνος χρῶ.

♃ ANTIMOINE *(alciné ☞ edulcoré en vin ʒxij. Plomb calciné ☞ edulcoré ʒviij. de la ſuie d'encens, ſpic nard, mirrhe deſſeichée crocus, eſcailles d'airain anna ʒj. ſerueȥ-vous de tous ces remedes apres que vous les aureȥ tritureȥ ☞ accommodeȥ ſuiuant l'vſige.*

Autre collyre ſec appellé Καλλιϐλέφαϱον qui eſt plus odoriferant que les precedens à cauſe de l'opobalſa-me qui y eſt mélé.

♃. Στίμμεως δραχ. ις'. μολίϐδου δραχ. ή. λεπίδας δραχ. ά. κρόκου δραχ. ά ῥόδων ἄνθοις δραχ. ά. σμύρνης δραχ ά. νάρδου τυδικῆ λιϐαὶς ἄρρενος πεπίρεως λεκχῦ ἀιὰ δραχ. ά. φοινικϐαλάνων ὀςὰ δέκα. πάντα ϐαλλῶν ἐις ἄγγος κεραμεγοῦ ὅπλα φιλοπόνως ἔσατα ἐις θύϊαν καθιρσας καὶ τείψας ὀπιϐαλλε ὀποϐαλͲμου κοχλιάϵια δυὸ ἔσατα ἀιακὸψας ʒ ξηράνας χρῶ.

♃ ANTIMOINE ʒxvj. *Plomb.* ʒviij. *écaille de (uiure ʒj. ſafran ʒj. fleurs de roſes ʒj. mirrhe ʒj. nard d'Inde, encens maſle, poivre blanc ana ʒj. oſſelets de pal-miers en nombre de x. ϳettez le tout dans vn vaiſſeau de ter-*

re & les faites calciner, puis eſtans en plotte, broyés le tout,
jettez pardeſſus deux cueillerées d'opobalſame , puis les
ſeichez.

Cette preparation eſt à conſiderer, puiſqu'il ſe ſert
de lANTIMOINE & des autres Metaux ſans qu'ils
ſoient edulcorés , mais ſeulement arrouſés d'opobalſame & éteint dans cette larme embaumée pour luy
conſeruer vne ſuaue odeur.

Voilà les collyres ſecs que Galien publie eſtre tres-
excellens pour l'éclairciſſement de la veuë ; que les
Hebreux , Caldéens , Arabes , à cauſe de l'A N T I-
M O I N E qui eſt le principal agent de ces compoſitions ont appellé collyres ANTIMONIAVX : reſte à
vous decouurir comment on s'en ſeruoit aux collyres humides contre les maladies nommées des Grecs
σιναιῶδεε ἑπλυασδοῖς, βρῶς ἔξοκη, ἐγγραφῆδις , & les ophtalmies qui commencent , deſquels collyres humides
Philippe en Ceſarée & Fuſcus Olympionicus auoient
accouſtumé de ſe ſeruir tant pour les grandes & vio-
lentes douleurs que pour les *chemoſes* , deſquelles
maladies & douleurs les yeux ſont promptement déli-
urées par ces compoſitions ſuiuantes où entre l'A N-
TIMOINE.

℞. Καδμείας κεκαυμῄνης ἢ πεπλυμμῄνης δραχ. η´. ἀκακίας
δραχ. η´. Στίμμεως κεκαυμῄνʼ ϗ πεπλυμμῄνʼ δραχ. η´.
Ἀλόης Ἰνδικῆς δραχ. η´ κρόκου δεαχ. δ´. σμύρνης δεαχ
δ´. ὀπίυ δεαχ. δ´. κόμμεως δεαχ η´. ὕδαλι αἰαλάμβανε
ἢ χρῆσις δι᾽ ὠόυ ἢ κρᾶσιν παχυτίρα ἔχω ἢ προστίθηκα πομ
φάλυγες δεαχ. δ´. ϗ λιβδωώπυ δεαχ. δ´.

℞. *Cadmie calcinée & lauée* ʒviij. *Acacia* ʒviij. A N T I-
M O I N E *calciné & laué* ʒviij. *aloës d'Inde* ʒiv. *ſafran* ʒiv.

mirrhe ʒiv. *opion* ʒiv. *mettez le tout en eau , l'vſage eſt auec l'œuf dans la conſiſtance plus épaiſſe.*

Galien dit en ſuite , qu'il approuue fort ce remede, & qu'il y âjoûte ʒiij. d'encens & de phompho-
lix ; comme auſſi fait-il vne autre compoſition , laquelle à cauſe de ſon effet, qui eſt de guerir en vn
jour toutes les inflammations des yeux , s'appelle
φαρμαχὸν αὐθημερὸν & pour témoigner que l'Antimoine adoûcit les parties σκυλακίον à cauſe de
la douceur de l'Antimoine.

℞. Στίμμεως δεαχ. μʹ. ἀκακίας δεαχʹ. μʹ. καδμίας
δεαχ. ϛʹ. καλκοῦ κεκαυμθὑὶς καὶ πεπλυμθὑὶς δεαχ. ιδʹ.
ψιμμυθίὶς δεαχ. ηʹ. σμύρνης δεαχ. δʹ. νάρδου Ἰνδικῆς
δεαχ. δʹ. κρόκου δεαχ. ϛʹ. λικίου Ἰνδικοῦ δεαχ. δʹ. κα-
ϛορείὶς δραχ. ϛʹ. ἀλόης δεαχ. ϛʹ. ὀπίὶ δεαχ. ϛʹ. χαλκιτίως
ὀπῖῆς δεαχ. ϛʹ. κόμμεως δεαχ. ϛʹ. ἀναλάμβανε ῥόδων
ἀφεψήμαῖι ἢ χρῆσις δι' ὠοῦ ἢ κρᾶσις παχυτέρα.

℞. ANTIMOINE ʒxl. *Acacia* ʒxl. *Cadmie* ʒvj.
Cuiure brûlé et laué ʒxiv. *ceruſe* ʒviij. *myrrhe* ʒiij. *nard
d'Inde* ʒiij. *crocus* ʒij. *lycion d'Inde* ʒiij. *caſtor* ʒij. *aloes*
ʒij. *calcitis brûlée* ʒij. *Prenez le tout auec le ſuc de roſes.
L'vſage eſt auec vn œuf, et la coſiſtence plus épaiſſe.*

Il y a d'autres remedes eſcrits en ſuite deſquels ſe
ſeruoit Neapolite , & appelloit ſon remede φαῖον à
raiſon de l'Antimoine qui rend la clarté aux yeux.

℞. Καδμείας πεπλυμθὑὶης δεαχ. ηʹ. ἀκακίας δεαχ. ηʹ.
χάλκου κεκαυμθὑὶς δεαχ. κʹ. ψιμμωθῖς δεαχ. ϛʹ. σμύρνης
δεαχ. ϛʹ. ἄλοης δραχ. ϛʹ. νάρδου καλικῆς δραχ. αʹ. ϛʹ.
ὀπίὶ δραχ. αʹ. ϛ κρόκου δραχ. αʹ. καϛορείὶ δ ἥμμισου κόμμεως δραχ. κʹ. ὕδωρ ὄμβριον χρῶ ὑπαλείφων.

℞. *Cadmie lauée* ʒviij. *acacia* ʒviij. *cuiure brûlé et laué*

ʒvj. ANTIMOINE *laué* ʒxx. *ceruſe* ʒj. *myrrhe* ʒij. *aloes*
ʒij. *Nard celtique*, ʒi. ß. *Opion* ʒi. ß. *Crocus* ʒj. *Caſtor*
ʒß. *Gomme* ʒxx. *Eau de pluye. Seruez-vous en*, *& vous*
en frottez.

Ce remede comme les autres, fortifie tellement la
veuë, qu'il chaſſe, & diſſipe les nuages des yeux,
comme fait pareillement le ſuiuant qui eſt vn autre
Porte-lumiere aux yeux, intitulé pour cette raiſon
φανὸν Σεραπιακόν.

♃. Ακακίας δραχ. μ΄. Στίμμεως δραχ. μ΄. καδμίας δραχ.
ις΄. χαλκοῦ κεκαυμένου καὶ πεπλυμένου δραχ. ιϚ΄. ἀλόης
δραχ. γ΄. σμύρνης δραχ. δ΄. ψιμμυθίου δραχ. ιϚ΄. ὀπίου δραχ.
Ϛ΄. κρόκου δραχ. Ϛ΄. νάρδου Ἰνδικῆς δραχ. α΄. ς΄. κόμμεως
δραχ. κε΄. ὕδωρ ὄμβριον. χρῶ ὑπαλείφων.

♃. *Acacia* ʒxl. ANTIMOINE ʒxl. *Cadmie* ʒxvj. *Cuiure*
brûlé & laué ʒxij. *Aloes* ʒiij. *Myrrhe* ʒiiij. *Ceruſe* ʒxij.
Opion ʒij. *Crocus* ʒij. *Nard d'Inde* ʒj. *Gomme* ʒxxv. pre-
parez le tout auec l'eau de pluye, *& en mettez aux yeux.*

Vous voyez que l'A N T I M O I N E n'eſt pas ſeulement le *Porte-Flambeau* des Metaux, mais qu'il di-
ſtribuë ſon luſtre aux yeux des hommes par la puiſſance qu'il à d'adoucir la violence des ſeroſitez qui les
peuuent incommoder; de moderer les douleurs ve-
hementes qui ſucitent alteration aux parties ſenſibles
& delicates; de ſorte que l'A N T I M O I N E apporte
vn ſi grand allegement aux trauaux de l'œil, qu'il
eſt à croire que s'il traiɗe auec tant de douceur ces
parties ſi delicates & ſi ſenſibles, qu'il n'en fera pas
moins pour l'Eſtomach : que s'il eſt pris au dedans
tant s'en faut qu'il incommode, qu'au contraire,
comme il ôte des yeux les vlceres & les ſolutions de
contin uité

continuité , il *doit chasser les|mesmes maladies des par-*
ties internes , fortifier l'Estomach , empécher les picquantes morsures que la bille pourroit causer en cette region, & aux parties voisines. L'vtilité de ce mineral l'a fait recognoistre excellent pour la declinai-
son des maladies des yeux, comme pour leur commencement & milieu ; ainsi que le démontre Galien
au medicament intitulé φιλαδέλφιον ou il prouue
que l'ANTIMOINE guerit les yeux.

♃. Στίμμέως κεκαυμένου καὶ πεπλυμμένου δϱαχ. κ'. μο-
λόβδου κεκαυμένου καὶ πεπλυμμένου δϱαχ. κ'. καδμείας
δϱαχ. ϛ'. ἀκακίας δϱαχ. ϛ'. χαλκοῦ κεκαυμένου καὶ πεπλυμένου δϱαχ. γ'. Ἀλόης δϱαχ. γ'. ψιμμωθῆς δϱαχ. γ.
Λυκίου ἰνδικοῦ δϱαχ. ϛ'. ϛ". σμύρνης δϱαχ. ϛ'. ϛ". νάρδου
ἰνδικῆς δϱαχ. ϛ'. κατϱοεῖς δϱαχ. α'. ὀπίου δϱαχ. α'. κόμμεως δϱαχ. η'. ὕδωρ καὶ πρὸς τὴν ἀνάληψιν ὠῶν α'.

♃. ANTIMOINE *calciné et laué* 3ˣ. *Plomb brûlé et la-*
ué 3ˣ. *Cadmie* ʒiij. *Acacia* ʒij. *Cuiure brûle et laué* ʒiiij.
Aloès ʒiiij. *Ceruse* ʒiiij. *Licium Indique* ʒij. ß. *Myrrhe* ʒij. ß
Nard d'Inde ʒij. *Safran* ʒij. *Castor* ʒj. *Opium* ʒj. *Gomme*
ʒviij. *preparez en eau comme sçauez , & pour incorporer*
le remede , prenez vn blanc d'œuf.

Vous jugerez aysément de la *douceur* de l'AN-
TIMOINE quand il est meslé auec les autres Metaux, entant que lors qu'il est en moindre quantité,
le remede est estimé du nombre des mordiquants:
ainsi qu'il se peut veoir en l'exemple suiuant du Collyre dit τὸ μαλαβάπεινον ἡμέτεϱον qui est de la Nature des remedes mordiquants.

♃ Καδμείας δϱαχ. ιϛ'. ἀκακίας δϱαχ. μ'. χαλκοῦ κεκαυμένου καὶ πεπλυμμένου δϱαχ. ιδ'. ὀπίου δϱαχ. ϛ'. λυ-

κίϰ Ἰνδιϰοῦ δραχ. ϛʹ. σμύρνης δραχ. δʹ. μαλαβά θϱου δραχ.
ϛʹ. νάρδου Ἰνδιϰῆς δραχ. ϛʹ. ϰαϛοείϰ δραχ. ϛʹ. ἄλϰης δϱαχ.
ϛʹ. ψιμμυθίϰ δραχ. ήʹ. Στίμμεως πεπλυμμέϰ δραχ. ήʹ.
ϰόμμεως δϱαχ. μʹ. ὕδαϰι χϱήσις διʹ ὦϰʹ. ἐν ἄρχη τῆϛ
διαϰϱίσεων ϰαὶ ἐν ϖβραχμῆ γιγνομένϰ ἀπὸ μέρϰς τοῦ λεγομένϰ
παγχϱήϛϰ. ἀναγίνεϟϞαι δὲ τοῦτο ἐν Ϟῖς δαγϟηϱοῖς ϰϞλ-
λυρίοις.

℞. *Cadmie* ʒˣ ᵛʲ. *Acacia* ʒˣˡ. *Cuiure brûlé* & *laué* ʒˣⁱⁱʲ.
Opium ʒⁱʲ. *Licium Indiq.* ʒⁱʲ. *Nard d'Inde* ʒⁱʲ. *Myrrhe*
ʒⁱⁱⁱʲ. *Malabatron* ʒⁱʲ. *Castoreum* ʒⁱʲ. *Aloes* ʒⁱʲ. *Ceruse*
ʒᵛⁱⁱʲ. A N T I M O I N E *laué* ʒᵛⁱⁱʲ. *Gomme* ʒˣˡ. *mettez le*
tout en eau de pluye, & *vous en seruez auec l'œuf.*

Et remarquez ce que mèt Galien en suitte que ce
Collyre est bon pour le commencement des indispo-
sitions des yeux, & pour la fin en meslant moitié
du premier *Collyre* cy-deuant décrit dit παγχϱηϛόν,
d'autant que sans ce mélange le *Collyre Malabatrin*
est estimé mordicant ; la raison est que l'A N T I-
M O I N E qui est le *Porteur de l'âdoucissement* y est
en moindre dose, ce qui est cause que les autres
Métaux qui sont au double communiquent l'a-
crimonie aux yeux, & les offencent à cause de
leurs Vitriols, & par cette méme raison il veut que
l'on méle partie égale de son Pancreste, à cause que
l'A N T I M O I N E y est dosé au double des autres
Mineraux, pour adoucir & rabbatre le piquotement
qui pourroit estre causé aux yeux, de façon que
c'est donner à l'A N T I M O I N E la vertu la plus effi-
cace & la plus propre pour la deffence des yeux, &
auoüer qu'il y contribuë par son meslange particulierement: voyons comment Gennadius le dosoit

pour les mêmes infirmitez.

℞ Ψιμμυθίυ δραχ. ιη. Στίμμεως δραχ. ϛʹ. σμύρνης δραχ. ιϛʹ. λεπίδος χαλκῦ δραχ. ιϛʹ. ὀπῦ δραχ. ιϛʹ. κόμμεως δραχ. κδʹ. ὕδωρ ὄμβειον.

℞. *Ceruse* ʒviij. ANTIMOINE ʒxij. *Myrrhe* ʒxij. *Es-caille de Cuiure* ʒxij. *Opium* ʒvj. *Gomme* ʒxxiv. *preparez le tout en eau de pluye.*

En ce Collyre l'ANTIMOINE & le Cuiure font dofez à l'égal & forment par cette pareille dofe vn *Collyre plus temperé* que le precedent pour rabatre plus ayfément la violence des douleurs, caufées par la cheute des fluxions fur les yeux ou leurs parties voifines; vn pareil fut compofé par Galien, qui eft appellé Αεείδνον ἡμέτερν.

℞. Ψιμμυθίυ δραχ. κδʹ. καδμείας κεκαυμρδύης καὶ πε-πλυμρδύης δραχ. ι. Στίμμεως κεκαυμρδύυ κ πεπλυμρδύυ δραχ. ι. λιβάνυ δραχ. ι. λεπίδος χαλκῦ δραχ. ε. ὀπῦ δραχ. γ. σμύρνης δραχ. γ. κόμμεως δραχ. ιϛʹ. ὕδαλι ὀμ-βρίῳ ἡ χρῆσις δὲ ᾠδ.

℞. *Ceruse* ʒxxiv. *Cadmie brûlée & lauée* ʒx. ANTI-MOINE *brûlé & laué* ʒx. *Encens* ʒx. *Efcailles de Cui-ure* ʒv. *opium* ʒiiij. *Myrrhe* ʒiiij. *Gomme* ʒxij. *preparez en eau de pluye, & vous en feruez auec l'œuf.*

Vn grand Oculifte du temps de Galien nommé Paccius en faifoit vn autre où il mefloit l'ANTI-MOINE auec la terre *Samia* pour la tention des yeux en cette forte.

℞ Καδμείας δραχ. ιϛʹ. ψιμμυθίυ δραχ. ιϛʹ. Σαμίας γῆς δραχ. δʹ. ὀπῦ δραχ. ϛʹ. λιβάνυ δραχ. ϛʹ. Στίμμεως δραχ. εʹ. κόμμεως δραχ. εʹ. ὕδατι ἀναλάμβανε ἡ χρῆσις δὲ ὤυ.

℞ *Cadmie* ʒvj. *Ceruse* ʒxvj. *Terre dicte Samia* ʒiv.

Opium ʒij. *Encens* ʒij. Antimoine ʒv. *Gomme* ʒv. *preparez tout en eau & en vsez auec l'œuf.*

Il faut auoüer que nos Anciens ont recogneu l'Antimoine si bien faisant qu'ils l'ont associé tant auec les terres, qu'auec les Mineraux pour recognoistre ses vertus, de chasser & repousser promptement ce qui nuit aux yeux, ce que les autres remedes ou l'Antimoine n'est pas meslé n'executent aucunement, mesme les solutions de continuté sont remises, comme au Collyre ἄςηρ ἀνίκητος ou l'Antimoine est meslé auec la terre *Daster* à cause que l'Antimoine est l'astre qui fauorise la clairté des yeux, & chasse les pustules, brusleures, chemozes, vlceres, staphylomes, cicatrices, & douleurs, en cette façon.

℞. Καδμείας κεκαυμένης χỳ πεπλυμμένης ⟨drach⟩. ιϛ΄. ψιμμυϑϊ̈ πεπλυμμέν⟨ων⟩ ⟨drach⟩. ιϛ΄. ἀμύλου ⟨drach⟩. ιϐ΄. Σύμμεως κεκαυμ⟨ένης⟩ δραχ. ιϐ΄. ἀποδϐϐ δραχ. ή. μολύϐδου κεκαυμ⟨ένου⟩ χỳ πεπλυμμέν⟨ου⟩ ⟨drach⟩. ή. γῆς Σαμίας ⟨drach⟩. ή. σμύρνης ⟨drach⟩. ϐ΄. ὀπϊ̈ ⟨drach⟩. ϐ΄. τꝛαγακάϑης ⟨drach⟩. ή. ὕδωρ ὄμϐꝛιον.

℞. *Cadmie brûlée & lauée* ʒxvj. *Ceruse lauée* ʒxvj. *Amyli* ʒxij. Antimoine *brûlé* ʒxij. *Spodium* ʒviij. *Plomb brûlé & laué* ʒij. *Opium* ʒij. *Tragagant* ʒviij. *preparez le tout auec eau de pluye.*

Pour ces mesmes maladies tant interieures qu'exterieures aux yeux estoit le Collyre Λιβιάνον.

Pour oster l'opinion que l'Antimoine entre en ces compositions seulement pour donner la couleur noire aux yeux, & non pas leur lustre, je vous veux faire part de certains Collyres verts dits χλωρὰ πρὸς Ϫϗ̈ϗϛ en cette façon.

♃ Σποδοῦ Κυπρίυ δραχ. ιϛ΄. ἀμύλου δραχ. ιϛ΄. κρόκου δραχ. η΄. Στίμμεως δεαχ. η΄. ὀπίυ δραχ. δ΄. κόμμεως δεαχ. δ΄. ὕδατι ὀμβείυ ἢ χρῆσις δι΄ ὠοῦ.

♃ Spodium de Cuiure ℥ˣᵛʲ. *Amyli* ℥ˣᵛʲ. *crocus* ℥ᵛⁱⁱʲ. ANTIMOINE ℥ᵛⁱⁱʲ. *Opium* ℥ⁱⁱⁱʲ. *Gomme* ℥ⁱⁱⁱʲ. *preparez le tout auec eau de pluye, & vous en seruez auec vn œuf.*

Zoilus l'Oculiste de ce temps faisoit vn autre Collyre vert ou il preparoit l'ANTIMOINE auec le suc d'vne plante dite Anagallis, qu'on nomme en France du *Mouron*, comme sensuit.

♃ Σποδοῦ Κυπρείυ δραχ. η΄. κρόκου δραχ. η΄. ἀμύλου δραχ. η΄. ὀπίυ δραχ. ϛ΄. Στίμμεως δεαχ. η΄. κόμμεως δραχ. δ΄. ἀναλάμβανε ἀναγάλλιδος χυλῷ.

♃. Spodium du cuiure ℥ᵛⁱⁱʲ. *Saphran* ℥ᵛⁱⁱʲ. *Amyli* ℥ᵛⁱⁱⁱ. *Opium* ℥ⁱʲ. ANTIMOINE ℥ᵛⁱⁱⁱ. *Gomme* ℥ⁱᵛ. *preparez auec le suc d'Anagallis.*

Et à cause qu'il y a plusieurs especes de cette plante, le mesme *Zoilus* dans son suiuant *Collyre vert* marque de quelle espece d'Anagallis il se faut seruir.

♃. Καδμείας κεκαυμένης καὶ πεπλυμμένης καὶ οἴνῳ ἰταλικῷ κατεσβεσμένης δεαχ. η΄. κρόκου δραχ. δ΄. Στίμμεως κεκαυμένου καὶ γάλακτι κατεσβεσμένου δραχ. δ΄. ἀμύλου δεαχ. α΄. κόμμεως δραχ. ϛ΄. ἀναλάμβανε χυλῷ ἀναγάλλιδος τῆς ὃ κυανὸν ἄνθος ἐχούσης.

♃. *Cadmie brûlée, lauée & esteinte dans le vin italique* ℥ᵛⁱⁱʲ. *crocus* ℥ⁱⁱⁱʲ. ANTIMOINE *brûlé et esteint dans le laict* ℥ⁱᵛ. *Amyli* ℥ⁱ. *Gomme* ℥ⁱʲ. *prenez le suc d'Anagallis qui à la fleur bleuë.*

Par cette declaration Zoilus môntre qu'il faut se seruir de l'Anagallis à fleur bleuë, qui est la femelle, &

remarqués la preparation de l'Antimoine efteint
dans le laict pour corriger l'extinction qu'il a faict de la
Cadmie dans le Vin, croyant qu'il tirera du laict beaucoup plus de douceur que la Cadmie n'a tiré de chaleur
du Vin. Et par ce moyen recompenfer la douceur &
& l'augmenter à l'Antimoine. Le grand *Diarrhodon,*
qui eft décrit par Galien, duquel fe feruoit le docte Lu-
cius, ajoufte les rofes vertes à cette compofition. Et quoy
que i'en aye trouué dans Gallien plufieurs defcriptions,
j'en ay choifi feulement vne, afin de vous la donner
pour exemple.

℞ Ρόδων δραχ. οϛʹ. καδμείας κεκαυμένης δραχ. κδʹ. κρόκκ
δραχ. ϛʹ. οἱ δὲ ή. ὀπίυ δραχ. γʹ. Σύμμεως δραχ. γʹ. σμύρνης δραχ. γʹ. λεπίδδς χαλκ δραχ. ϛʹ. ἰ δραχ. ϛʹ. νάρδου
δραχ. αʹ. οἱ δὲ ϛʹ. κόμμεως δραχ. κδʹ. ὕδατι ὀμϐείῳ ἡ κρῆ-
σις δϛὰ τ γάλακτος.

℞ Rozes *vertes et recentes* ʒ^{lxxij}. *Cadmie brûlée et la-*
uée ʒ^{xxiv}. *Crocus* ʒ^{vj}. *ou* ʒ^{viij}. *Opium* ʒ^{iij}. Antimoine ʒ^{iij}. *Myrrhe* ʒ^{iij}. *Efcaille de cuiure* ʒⁱⁱ. *Uert*
de gris ʒ^{ij}. *Nard* ʒⁱ. *ou* ʒⁱⁱ. *Gomme* ʒ^{xxiv}. *prenez le tout*
auec eau de pluye, et vous en feruez auec du laict.

Ie vous ay tant donné de *Collyres,* que i'efpere vous
déciller tout à faict les yeux, & vous les rendre fi clairs-
voyans qu'il ne vous doit refter aucun doute touchant
l'Antimoine : & pour conclufion, je vous fais prefent de celuy duquel fe feruoit le docte *Bassus* compa-
gnon de Galien, pour guerir les incommoditez des
yeux : auecque cette remarque admirable, qu'apres
que les yeux en font lauez ils font conferuez fans iamais plus voir trouble, ce qui l'a fait nommer Ἀτρέμων, à
caufe qu'il rend l'œil clair-voyant, & diffipe tous les

nuages qui pourroient cauſer obſcurité en cette partie.

℞ Σύμμεως δραχ. δ'. χαλκῦ κεκαυμένυ δεαχ. ϛ'. ψιμ-
μυϑίυ δεαχ. ϛ'. κρόκυ δεαχ. α'. σμύρνης δεαχ. α'. φλοῦ
λιβάυου δεαχ. α'. ῦ σκώλικος δεαχ. α'. κηκιδῶν ὀμφα-
κίνων δεαχ. α'. πεπέρεως λδυκῦ δεαχ. α'. κόμμεως δεαχ.
α'. οἴνῳ ἀιαλάμβάυε ἡ χρῆσις δι' ὕδατος.

℞ ANTIMOINE ʒⁱᵛ. *Cuiure brûlé* ʒⁱⁱ. *Ceruſe* ʒⁱⁱ.
Crocus ʒⁱ. *Myrrhe* ʒⁱ. *Eſcorce d'Encens* ʒⁱ. *du Verd de
gris en Serpenteaux* ʒⁱ. *des Noix de Galles omphacines* ʒⁱ.
Poivre blanc ʒⁱ. *Gomme* ʒⁱ. *preparez le tout auec du vin,
et vous en ſeruez auec l'eau.* •

N'eſt-ce pas aſſez de *Collyres* pour vos yeux ? (MON
CHER PHILIATRE) Y a-t'il quelque obſtacle qui
vous puiſſe maintenant arrêter ? Ne voyez-vous pas clairement que l'ANTIMOINE a la puiſſance de débou-
cher les yeux, de les conſeruer, & ôter toutes les difficultez qui les pourroient empêcher de voir clair. Ie
vous confeſſe qu'il y a deux infirmitez communes aux
hommes, qui les empêchent de connoiſtre ce qu'on
leur propoſe, & qui ſeruent de tenebres à leurs eſprits,
le *Péché* & l'*Ignorance*; le Péché veut dire l'*Enuie*, ou
la *Ialouſie*, ou la *Haine*, ou la *Paſſion* qui les emporte, & leur fait inuenter toutes ſortes de détours, ſans
raiſonnement, qui les mettent dans vn aueuglement
ſi puiſſant qu'ils ne veulent en aucune façon s'en reti-
rer & blâment vn remede ſans le connoître. L'*Ignorance* veut dire qu'ils ne ſont pas verſez dans les choix,
preparations, & compoſitions des remedes, à cauſe dequoy ils décrient ce qui merite de l'eſtime, leur
étant inconnu. Y a-t'il moyen de vous ANTIMONIER
les yeux ? Ce mot me peut eſtre permis, puis qu'en

ART. IX.
Que les hom-
mes ont deux
infirmitez qui
les empeſchét
de juger d'vn
remede pro-
poſé.

écriuant en langue Françoiſe, ie puis imiter les Pro-
phetes & les Grecs , qui dans leur langue m'ont appris cette façon de parler, & que cy-deuant ie vous
ay fait voir de ϛιμμί ϛιμμίζειν ϛίϭι ϛίϭίζϕν , comme
d'ANTIMOINE , ANTIMONIER ,'c'eſt à dire, le rendre
clair-voyant, net, brillant, luſtré, & chaſſer les tenebres de l'eſprit , *le peché* & l'*ignorance* par l'anatomie,
les preparations de l'ANTIMOINE , & par l'examen de
ſes parties interieures: vous auez ſceu par Galien que
l'ANTIMOINE étoit vn remede tres-excellent, comme
Topique. Monſieur Fernel a décrit l'ANTIMOINE auec
les remedes deſſiccatifs', il reconnoît ſa partie terreſtre
aſtringente, & admire que ſes cendres par vne particuliere vertu conſomment les chancres. *ſtibÿ ſeu Antimonÿ*
cinis peculiariter cancros abſumit. Il faut donc faire ſortir
des cendres de ce PHENIX admirable le ſecret d'Hippocrates & vous donner la connoiſſance entiere des vertus cachées de ce *Mineral*, vous mônter comment il
excite la nature à ſe déuelopper des humeurs bilieuſes
qui cauſent obſtructions aux parties nourriſſieres & ſe
répandent aux regions : prouoque quatre puiſſances
l'vne *vomitiue*; l'autre *Diaphoretique*; *décharge les humeurs*
auec les excremens par enbas; & *redouble la force des parties*
principales pour les deffendre contre les venins ; ces
merueilles l'ont fait cacher par Hippocrates ſous le
nom de Τετράχωον : vous auez beſoin pour l'intelli-
gence de cét Oracle, de conſulter le plus fidelle des
Interpretes de cette Sibylle excellente, & d'apprendre
ce qui l'a obligé d'y nommer l'A N T I M O I N E
(c'eſt icy ou la *Sageſſe* & la *Nature* ſe trouent mê-
lées, mais il faut que vous appreniez de l'vne & de

                                                l'autre

ART. X.
que l'ANTI-
MOINE eſt dit
τὸ τετράχω-
νον par Hip-
pocrates.

l'autre les raisons pour déuoiler les *mysteres* de cette *science*, & conclure absolument auec Hippocrates que le TETRAGωNON est l'ANTIMOINE : l'esclaircissement de cette preuue est tres-facile, puisque Hippocrates par son texte vous découure deux voyes pour y paruenir la SAGESSE & la NATVRE. La Sagesse se tire de la fidelle Interpretation de Galien en son Liure de l'explication des mots d'Hippocrates, qui ne se trouuuent plus en vsage. τετραγώνω ὑπές μὲν ϑ͂ διειλημέναις ᵗ͂ ὃ σίμμα πλαξὶ ὑπές ᶳ τῷ αὐτῷ σίμμᵫ. Par ce mot de *Tetragωnon*, les vns entendent que les *vertus* qui se tirent de l'ANTIMOINE sont extraites des *brillans ou filets* qui s'y rencontrent ; & les autres veulent qu'elles prouiennent de l'ANTIMOINE méme.

Galien auoue pour sien ce Liure ou il à mis l'interpretation du *Tetragωnon* d'Hippocrates, en l'Inuentaire qu'il à fait luy-méme des Liures qu'il à composé, expressément pour les distinguer de ceux que l'on eust peu supposer sous son nom, en ces termes.

Τῶ δ' Ιπποκράτει προσήκοντα ὅσι καὶ ζαῦτα περὶ τῆς καθ' Ιπποκράτοις διαίτης ἐπὶ τῶ ὀξεῶν νοσημάτων ὥσπέρ γε καὶ ἡ τῶ παρ' αὐτῷ γλωτῶν ἐξήγησις. C'est à dire ; *entre Les Liures que i'ay écrits, ceux-cy sont conformes au texte & oracles d'Hippocrates sçauoir le Liure de la façon de viure qu'il faut obseruer aux maladies aigues, de méme que l'Interpretation que i'ay faicte des façons de parler d'Hippocrates, qui ne sont plus en vsage.*

Chapitre 6. Edition de Chartier.

Vous auez cy-deuant, remarqué en l'art. 7. que

E

l'ANTIMOINE eftoit tellement en vfage au temps
de Galien, que l'on difoit s'Antimonier les yeux, les
Dames ANTIMONIÉES, & autres termes femblables: que Galien à connu comment on *calcinoit*
l'ANTIMOINE, puis que dans les Collyres il à remarqué qu'il l'auoit fait *calciner* feul; auec la graiffe
de viperes; ou auec le miel, Et pour *l'edulcoration*
il l'a faicte en *eau fimple*; *en eau de pluye*, en VIN,
en *laict*; en *fuc de rozes*; en *fuc d'Anagallis*, comme nous auons dit en l'Article huictiéme. Il à fait
reflexion fur le temperament de l'ANTIMOINE
par l'art. 7. Il y a recogneu des parties diffemblables,
les vnes παχυμερῆ. c'eft à dire plus épaiffes; les autres

Liure 1. chap.
. de la com
pof. des me-
dic. en gene-
al: *Edition de*
Chartier.

λεπΊομερῆ c'eft à dire, plus déliées; il en à tiré vne conclufion generale pour tous les Metaux. παχυμερῆ δ᾽ ὄντα
τὰ μεταλλικὰ πολυγὰρ ἐν ἑαυτοῖς ἔχͅ τῆς γεώδδις οισίας χρῄζͅ
ὑνὸς Ἐπιτεχνήσεως ἐν τῷ σκευάζεῖͅ πρὸς ὅ λεπΊομερέͅτερα γι-
νέͅ. *Tous les Metaux étans de parties plus épaiffes, à*
caufe qu'il y a beaucoup de fubftance terreftre, ont be-
foin d'vn artifice tres-particulier pour pouuoir eftre ren-
dus plus fubtils. D'où l'on peut conclure que Galien
à connu les vertus que poffedent les parties de l'AN-
TIMOINE tant exterieures qu'interieures; & que
dans fon texte eft fans contredit la queftion qui eftoit
agitée de fon temps: fcauoir *fi les vertus que l'on re-*
*marquoit dés lors en l'*ANTIMOINE *prouenoient de fes*
écailles feuilletées & brillantes; ou fi ces puiffances eftoient at-
tachées à fa maffe, l'on n'auroit pas de peine à vous éclaircir cette difficulté fi nous auions tous les Liures de
Galien & fes Commentaires fur ce Liure d'Hippocra-

tes, ou Galien nous auroit marqué par ſes raiſons &
ſes experiences comment l'ANTIMOINE chaſſoit
les biles poracées, verdâtres, & malignes : mais
pluſieurs Autheurs dignes de foy, qui ont ſuiuy cette interpretation, donnent vne preuue ſuffiſante pour
vous aſſeurer que Galien à eu beaucoup de raiſon
d'interpreter le *Tetragωnon* par l'ANTIMOINE,
tous ceux qui ont écrit depuis Galien iuſques à pre-
ſent ont ſuiuy ſon Interpretation iuſques à Foeſius,
Monſieur Degoris, & autres.

ART. XI.
Explication
de Baſile Va-
lentin tou-
chant les ver-
tus de l'*An-
timoine.*

Hippocrates qui connoiſt ce que la nature à fait,
ſçait que l'ANTIMOINE eſt le *Tetragωnon*, à cauſe
qu'elle n'a peu produire aucun Mixte qui eût les effects propres pour chaſſer les cauſes de l'Ileon bilieux
qui eſt la maladie pour laquelle Hippocrates l'ordonne,
ce qu'elle à denié à tous les autres Mixtes, a reſerué
à ce ſeul Mineral, & fait publier par ceux que l'on
appelle *Chemiſtes*, ou pour mieux les nommer *Che-
mites* (puiſque nous auons môntré en l'Article III.
que *Chemia* eſt la *Chemie* qui vient de ΧΕΥΓ qui
ſignifie l'Egypte, & que le *Chemiſte* ou *Chemite*, dit
Beroſus, eſt vn Sage qui ſçait par la ſcience d'Egypte, cognoiſtre les mêlanges des élemens que la Nature a donné par ſa juſtice à chaque corps mêlé ;
d'où vient que le grand Philoſophe Baſile Valentin,
duquel vous auez leu les traictez ſur le Char triom-
phal de l'ANTIMOINE, reconnoiſt ce Mineral
pour eſtre bien-faiſant aux parties nobles ; il l'appelle
Balſamum vitæ (le Baume de la vie) *& medentem
Mumiam*, la Mumie curatiue, où apres qu'il a fait refle-
ction ſur toutes les ſortes de preparations par leſquel-

les il le reconnoiſt eſtre ſudorifique , vomitif , purgatif , & forrifiant , il s'écrie *Verum verum dico non eſt
ſub Cælo Medicina ſublimior*; c'eſt à dire , ie vous dis
en verité qu'il n'y à pas ſous le Ciel vne Medecine
plus excellente ; à cauſe qu'elle *chaſſe les poiſons* ;
qu'elle débouche les obſtructions cachées dans le corps .
des hommes ; fond & reſoût les excremens par les
ſueurs , ou par les vomiſſemens , ou par les ſelles , &
par ces quatre vertus Diaphoretique , Hemetique , ca-
thartique & alexithere , n'eſt-il pas le veritable *Tetragωnon d'Hippocrates* ?

Agricola , dans ſon Liure de la nature des mixtes
rapporte que l'Aᴺᴛɪᴹᴼɪᴺᴇ au recit de Dioſcori-
des , le plus brillant & le plus éclatant eſt celuy que
l'on doit choiſir; lequel étant rompu auec les doigts
ſe met en croûtes feüilletées , leſquelles eſtans épu-
rées de leurs ſaletez , du temps d'Hippocrates pou-
uoient auoir eſté formées en paſtilles apres leur calcination & edulcoration , la figure quarrée deſquelles , à
donné pretexte à Hippocrates de les nommer pour ce
ſubject Ὁ τετράγωνον : d'autant que l'Aᴺᴛɪᴹᴼɪᴺᴇ
entier ny les morceaux n'ont en aucune façon la figure quarrée : De ſorte qu'il eſt aiſé d'inferer que Galien par la diction πλάξι n'a pas entendu autre cho-
ſe que les Bʀɪʟʟᴀᴺs qui ſe rencontrent en l'Aᴺᴛɪᴹᴼɪᴺᴇ par leſquels on connoît qu'il eſt chargé
de *Regule* , où ſont cachées ſes vertus cy-deuant expliquées , qui ſe reconnoiſſent par ſa preparation , comme vous auez veu au Cours chemique. C'eſt pourquoy Galien conſiderant qu'il falloit preparer les Mineraux par la *calcination* donne cette inſtruction ;

tout mineral & metallique eſtans de parties groſ-
ſieres & épaiſſes de ſa compoſition premiere, à ſes
parties contenantes ou externes plus terreſtres, &
par conſequent plus épaiſſes, & ſes parties contenuës ou interieures plus deliées & plus ſubtiles, toutes leſquelles vnies enſemble ne peuuent faire jallir
leurs vertus iuſques au profond du corps de l'homme, ſans preparation, principalement celles qui ſont
enfermées dans les parties contenues : d'où vient
que le docte Geber conclud, *eſt generalis cauſa in-*
uentionis calcinationis corporum à terreitate depuratio.
De ſorte que pour l'anatomie & reſolution de l'A N-
T I M O I N E on le fait calciner afin d'épurer ſes parties
heterogenes, ſes ſoûfres imparfaits, & que la vertu volatile de ſes parties plus deliées qui ſont ſes *Brillans*, ſe
puiſſent plus aiſément communiquer : que par le ſe-
cours du feu la ſubſtance plus groſſiere & terreſtre du
Mineral ſoit ſubtiliſée, volatiliſée & ſeparée des autres
parties interieures ; puiſque c'eſt le propre du feu
de volatiliſer ou ſubtiliſer toute ſubſtance groſſiere ; de
ſeparer les Heterogeneïtez ou ſubſtances impures,
d'amaſſer, aſſembler, & vnir les homogenes ou parties ſemblables & ſubſtances pures.

Enfin vous voyez qu'il faut conclurre que Galien a
reconnu l'A N T I M O I N E pour le veritable *Tetragωnon*
d'Hippocrates ; que les vertus de ce Mineral peuuent
proceder ou de ſes Brillans ou de toute ſa maſſe, puiſque πλάκες ſignifient les parties les plus licées vnies po-
lies de l'A N T I M O I N E que nous nommons les brillans filets d'où ſortent ces quatre vertus qui compoſent
le *Tetragωnon.*

Il vous eſt tres-facile, MON CHER PHILIATRE, de répondre maintenant aux objections que l'on vous pourroit faire, & particulierement aux ſuiuantes.

On objecte Premierement, qu'il y a faute en ce paſſage de Galien, qui peut s'y eſtre gliſſée par le temps.

Sauot en ſon liure de l'Ex-plication du *Tetragωnon.*

Les raiſons precedentes vous doiuent aſſez fournir dequoy repartir; en ce que Galien étant Grec de nation; tres-ſcauant dans les langues étrangeres, pouuoit mieux ſcauoir les dictions anciennes de la Grece qui n'eſtoient plus en vſage dés ſon temps que les Modernes; principalement celles dont ſe ſeruoit Hippocrates qu'il a recherchées auec vn ſoin tres-particulier, comme il fait voir dans tous les Commentaires qu'il à écrits ſur les textes d'Hippocrates. 2. Il vous à fait voir qu'il a vne tres-grande cognoiſſance de ce Mineral, il en explique les vertus, les preparations, & propoſe les queſtions qui s'agitoient de ſon temps ſur l'ANTIMOINE, il auoue que c'eſt luy qui à compoſé le Liure où eſt cette interpretation, & par conſequent Galien ne s'eſt peu tromper quand il a interpreté le *Tetragωnon* d'Hippocrates par l'ANTI-MOINE. La faute n'a peu s'y eſtre gliſſée par le temps, puiſque tous les Doctes qui ont traduit ou commenté le texte d'Hippocrates, ont tous confirmé de temps en temps la méme Interpretation de Galien, joint que la maladie pour laquelle Hippocrates employe ſon *Tetragωnon* requiert vn medicament qui ait les diuerſes vertus qui ſe rencontrent en l'ANTIMOINE.

Secondement on obiecte, qu'il faut au lieu de l'Antimoine fubftituer la diction κυφὶ *Chyphi*, à caufe qu'il faut vn aromat pour ofter la maladie à laquelle Hippocrates ordonne fon *Tetragωnon*, & que le cerueau fera affez bien purgé, par vn Errhine. 2. κυφὶ eft le *Tetragωnon*, à caufe qu'il eft quarré, & par confequent plus facré que l'Antimoine ; que les Egyptiens tenoient le κυφὶ facré, à caufe qu'il a quatre lettres, qu'il eft τετραφαρμαχὸν compofé ἐξ τη ατάρων de Seize parfums, & que la racine quarrée de Seize eft quatre.

On répond que le *Tetragωnon* d'Hippocrates ne fe prend pas par les narines, comme l'on fe fert en ce temps de Tabac ou autres remedes femblables: mais qu'il doit effacer les Symptomes de la Maladie ditte Ιλεὸς ἰκτερώδης en chaffant les caufes qui produifent ces falcheux accidens: or le plus violent Symptome des maladies, pour lefquelles Hippocrates à ordonné le *Tetragωnon*, ou l'Antimoine, eft vne extreme douleur de tefte caufée par vn amas de bille erugineufe, gluante, attachée aux paroyes des inteftins grafles, particulierement en l'Ileum, laquelle forme obftruction en ces parties & caufe vne inflammation fi grande que les excremens trouuans leur paffages ordinaires bouchez refluent par la bouche pour chercher leur fortie. Or pour compofer vn remede propre; Hippocrates dit qu'il faut tous les fix iours, exciter le vomiffement, vfer de Vin κỳ τ῾ κεφαλὴ αὐτὲϛ καθαίρῳ ὧ τετραγώνῳ & purger la tefte du malade, auec le ιetragωnon. L'Antimoine accomplit toutes ces indications, & par confequent Galien

Art. XII.
Que le *Tetragωnon*. ne peut eftre vn errhine.

à tres-bien recônnu que par le *Tetragwnon* Hippocrates entendoit l'A **N T I M O I N E**. Si vous donnez vn
erinne & que vous ayez foin feulement du mal de
de tefte qui n'eft que le fymptome, quoy qu'il foit
tres-violent en cette maladie, vous ne fçauriez en
ofter la caufe par aucun aromat ny errine, & vous
cauferez pluftoft diuerfes & inutiles fecouffes & vains
efforts auec lefquels vous offencerez le cerueau d'auantage par l'attraction des parties baffes aux fuperieures
& augmenterez la douleur de tefte d'autant que la caufe de cét accident n'y eft pas fituée.

La medecine ne veut pas que l'on combate contre
vn fymptome lors que l'on peut l'enleuer en detrui-
fant fa caufe, & par confequent il ne faut pas vn
aromat pour ofter les caufes de l'ileum bilieux, parce
qu'il ne combat pas la caufe de cette maladie ; mais
bien l'A **N T I M O I N E** preparé & pris au dedans dautant qu'il purge les caufes de ce fymptome: fçauoir les
matieres bilieufes efpanduës au pancreas, & autres parties voifines de l'eftomach & des inteftins gréles ; n'e-
ftant le fymptome que la marque de la propagation
de ces matieres & teintures mineralles, & de la fer-
mentation de ces biles, le propre defquelles eft de fe
tranfporter facilement aux parties nobles, qui s'affoi-
bliffent & état oppreffées par cette forte de bile erugineufe, font continuellemét affligées, eftant le propre de la bile
de laffer toutes les membranes & parties nerueufes du
corps de l'homme & de fe tranfporter au cerueau, à
caufe duquel tranfport elle à efté nommée Avάρροπυς
vne humeur volatile qui fe porte aifément de bas en
haut. C'eft pourquoy Hippocrates demande par fon

Tetragwnon

Tetragωnon vn medicament qui foit diaphoretique, purgatif, vomitif & alexithere, comme eft l'ANTI-MOINE : il n'entend donc pas vn remede à purger par les narines, mais l'ANTIMOINE preparé pour eftre pris par la bouche, puifque le mal de tefte n'eft pas idiopatique au ceruceau, mais bien fymptomatique: c'eft la raifon pour laquelle il nóme cette maladie tres-difficile à caufe qu'il faut vn remede de parties diffimi-laires pour l'euacuation de ces matieres contraintes & enfoncées dans leur foyer qui ne fe rendent obeïffantes aux premiers remedes qu'il propofe comme à l'hypo-phaés & à l'elebore qui ne peuuent fondre ces matieres endurcies, & n'ont pas la force de les jetter dehors ce qu'il a tres-manifeftement découuert en cette penfée comme s'il euft dit purgez auec les remedes vfitez & faites vomir, mais n'eftans pas affez capables de vain-cre la caufe de cette maladie, & que la douleur de tefte perfeuere, purgez la tefte auec le *Tetragωnon*. car la douleur de tefte marque que la caufe eft demeurée & que les remedes premiers n'ont pas eu la puiffance de bannir de ces regions la caufe du mal qui ne peut ce-der qu'à l'ANTIMOINE, le propre duquel eft de fondre les obftructions & abcez cachés, & les vuider foit par haut ou par bas mefme par fueurs, & for-tifier les membranes que cette pernicieufe teinture minerale & bilieufe affoiblit.

Pour le refte *de l'Objection*, il eft ridicule; vous fçauez que nous vous auons môntré l'ANTIMOINE, auoir été connu non feulement des anciens ; auoir été eftimé facré par la Mythologie, mais par les Sages mef-mes & naturaliftes qui l'ont appellé ὃ ἀπολέσμα vn

F

des Mixtes le plus parfaiĉt, qu'ils l'ont caché & tenu
fecret & referué fous des noms d'animaux , de cara-
ĉteres , ou marques étranges , & qu'Hippocrates le
voile de fon *Tetragωnon*. Non pas à caufe que quatre eft la racine quarrée de feize , ce raifonnement eftant ridicule en Medecine ; mais d'autant
qu'il eft compofé de quatre élemens qui l'ont formé
vn mixte accomply, vn *Tetrapharmacon*, puifqu'il eft
Diaphoretique, *purgatif*, *vomitif*, & *alexithere*: Et comme Galien à interpreté le *Tretragωnon* d'Hippocrates,
qui combat la caufe de l'Ileon erugineux , foit par
fes brillans, ou par fa fubftance.

Pour la troifiéme *Obieĉtion* elle eft fondée fur leur
fuppofition , qui eft que le *Tetragωnon* doit eftre vn
aromat, & cela fuppofé ils concluënt fans raifon que
l'Antimoine eft froid, n'a pas d'odeur, & par
confequent ne doit pas eftre dit le *Tetragωnon*.

La réponce eft aifée à cette *Objeĉtion*, au recit du
Philofophe, lors que l'on fuppofe vne fauſſeté, il faut
que tout ce qui fuit foit de femblable façon , nous
auons prouué en l'article cy-deſſus que le *Tetragωnon*
ne pouuoit pas être vn *Aromat* par les raifons y de-
clarées, & par confequent leur raifonnement ne peut
eftre veritable.

Art. XIII.
Quel eft le
temperamēt
de l'Anti-
moine.

Quant au temperament de l'Antimoine il
eft neceſſaire de l'examiner ; remarquez (MON CHER
Philiatre) que pour cognoiftre le temperamment d'vn Mixte, il y faut employer des Iuges d'e-
quité , comme la raifon & l'experience, & non pas
feulement les fens, comme l'odorat & le gouft, puifque les Philofophes font d'accord que ces deux fens

font des Iuges imparfaicts, & ne cognoiſſent pas les
choſes comme elles ſont, en quoy l'eſſence de la vraye
Philoſophie conſiſte; par exemple la *Roze* a de l'odeur
& vous inferez la *Roze* eſt chaude, ce raiſonnement
eſt trompeur ; dautant, que tout ce qui ſent bon ,
n'eſt pas chaud; ny tout ce qui eſt chaud, ne ſent
pas bon : & de meſme l'ANTIMOINE eſt froid;
parce qu'il ſent mauuais, ou bien qu'il n'a pas d'odeur,
ce raiſonnement n'eſt pas vray, parce que tout ce qui
ſent mauuais, ou qui n'a pas d'odeur, n'eſt pas froid,
ny tout ce qui eſt froid, ne ſent pas mauuais, ny tout
ce qui eſt froid, n'eſt pas deſtitué d'odeur ; puiſque de
tous les Mixtes qui ſe nomment chauds, froids, ſecs,
& humides, les vns ſont en partie de bonne odeur,
les autres de mauuaiſe , & le reſte eſt neutre ou ſans
odeur , ſelon Galien. Il faut donc que nous trou-
uions en raiſonnant vne autre voye pour découurir
& mettre l'ANTIMOINE à l'examen, luy duquel
on ſe ſert à examiner l'OR. Il eſt conſtant , que
tout corps meſlé eſt compoſé des quatre élemens ,
& que d'iceux il y en a vn qui preſte corps aux autres, qui eſt fixe , ſtable, & ſolide , ſçauoir la *Terre*,
& que les autres ne pouuans ſe borner d'eux-meſmes n'ayans autre appuy & ſouſtien que la terre, pour
former vn Mixte emprunte la baſe, ou le fondement
du meſlange de cét element ſolide, & Galien nomme
la terre ainſi façonnée en vn corps meſlé, la partie
contenante du Mixte, puiſqu'elle eſt le ſouſtien des
autres Architectes du corps meſlé: Et les parties contenuës ſont les trois autres élemens enfermez dans la
terre du Mixte, que Galien recognoiſt eſtre en la

Gal. chap. 3.
du Liu. 2. des
Medicamens
ſimples. *Edi-
tion de Char-
tier.*

Liure 4. des
vertus des re-
medes ſim-
ples, cha. 24.
*Edition de
Chartier.*

F ij

Roze, & les appellent *Sucs*, defquels il fait trois efpe-
ces, comme nous vous auons monftré qu'eftoient le
Sel, le *Soûfre*, & le *Mercure* : ou la fubftance fixe ,
moyenne , & volatile. Il compare la premiere à la
Lie de V I N qui eft la partie la plus groffiere & terreftre des *Sucs*. La feconde eft aqueufe, ou moyenne
entre la fubftance groffiere & déliée, laquelle fubftance moyenne eftant echauffée fe refoult ayfément,
& prend feu , & c'eft celle qui donne l'odeur à la
Roze. La troifiéme eft aerée , ou deliée & volatile ,
comparée à la *fleur* du V I N, & comme toutes ces parties tant contenantes que contenuës, font diffemblables en vertus & en qualitez , il conclud qu'on ne
peut s'affeurer du temperamment d'vn remede par la
couleur, l'odeur, & la faueur fans experience expreffe, à caufe de l'inegalité des parties diffimilaires defquelles le corps meflé eft compofé : de forte que l'A N-
T I M O I N E & la *Roze* n'ont pas plus d'auantage
l'vn que l'autre s'ils n'ont pour juges que les fens, &
principalement l'odorat ; fi ce n'eft que la *Roze* à caufe de fon odeur eft reputée auoir fes parties plus deliées, volatiles & legeres ; & l'A N T I M O I N E plus fi-
xes, a caufe qu'il n'a pas d'odeur : vous pouuez de là
iuger que l'A N T I M O I N E eftant de parties diffemblables ne peut eftre eftimé fec, ny froid, ny hu-
mide que par comparaifon ; & parce que tous les
corps meflez font reduicts fous trois genres princi-
paux , fçauoir *Vegetal*, *Animal*, & *Mineral* ; le
Mineral comparé aux autres, eft eftimé le plus fec
dans Galien, par relation particuliere aux terres, &
aux pierres. *De mefme*, ce dit-il, *qu'aux differences des*

terres, il y a beaucoup d'essence de la *Terre* élementai-
re, & peu d'essence de l'air ; de mesmes aux *Mine-*
raux il y a beaucoup d'essence du feu meslée & les pierres precieuses tiennent le milieu des deux, c'est pourquoy la
plus grande partie des remedes metalliques ont coustume
d'estre lauez les vns vne fois ou deux, & les autres plusieurs fois, afin d'estre rendus, ainsi faisant, plus propres pour
desseicher auec douceur. Et voila les raisons communes
qu'il faut sçauoir auparauant que de traitter des remedes
Metalliques : vous voyez clairement par ce discours
qu'il conclud generalement parlant τὰ μεταλλικὰ πάντα
φάρμακα κοινὸν ἔχι ὃ ξηραίνῳ γεώδης γὸ αὐτῶ ἐςὶν ἐσία. tout
remede *Metallique* à cela ae commun qu'il desseiche, à cause qu'il a son essence terrestre. Et pour parler plus particulierement de l'A N T I M O I N E, il en parle en cette
sorte.

Le *Medicament* que l'on appelle A N T I M O I N E lors
qu'il est crud & n'est pas laué ou edulcoré, monstre auoir
en soy vne puissance tres-forte de restraindre, laquelle s'a-
baisse lors qu'il est laué, & desseiche auec douceur ; ce qui
a esté la cause pour laquelle il a esté appliqué aux
yeux par sa vertu desficcatiue, comme nous vous auons
cy-deuant môntré. Et par consequent il faut conclure que l'A N T I M O I N E generalement parlant est
sec, & si vous conferez ses parties contenuës auec les
contenantes, la partie contenante est froide & seiche
plus que les contenuës, lesquelles sont de differentes
vertus entre-elles, & marquent par experience diuers
effects tous dissemblables de sorte que l'A N T I M O I N E a
diuerses substances qui sont en subsistance dissimilaires,
comme sulphureuses, nitreuses, & autres que vous

sçauez estre la cause , comme dit Galien ; qu’il faut auoir recours à l’experience, & en juger ἐκ τῆς διωρισμένης πείρας. par experiences separées , par tou-tes ces raisons l’on conclud que l’experience apprend l’ANTIMOINE estre *Diaphoretique* , *vomitif* , *la-xatif, & alexithere* , toutes lesquelles vertus ne se reco-gnoissent pas par l’odorat ny par le goust, mais par la seule experience ; & par consequent pour n’auoir pas d’odeur, ny de saueur, il ne s’ensuit pas qu’il ne soit le *Tetragωnon* d’Hippocrates , puis qu’il n’explique pas que son *Tetragωnon* doiue auoir de l’odeur ny de la saueur, mais qu’il doit vuider quantité de biles qui causent la maladie dite *Ileon Eruginenx.*

Or l’experience môntre que l’ANTIMOINE est purgatif , puisque par proprieté de substance & par son propre choix il tire dehors les biles eruginenses, bleuastres , isatides , verdâtres , obscures & semblables que les Philosophes Chemistes vous ont enseigné estre de leur origine teintures minerales , & les expose aux yeux tant celles qui sont contenuës aux regions du foye , Mesentere & Pancreas ; que les autres qui se transportent par les vaisseaux aux autres endroits du corps où ils excitent de violens symptomes.

Et par consequent l’ANTIMOINE estant purgatif & n’ayant aucun dégoust doit estre estimé d’auantage , la raison en est declarée par Galien , *Des Medicamens que l’on prend en breuuage les vns sont tellement desaggreables à ceux qui les prennent par vn desboire qu’ils ont , qu’incon-tinent ils souleuent l’Estomach & excitent vomissemens , & les autres quoy qu’ils demeurent pour vn temps en l’estomach, ne laissent pas de faire vomir apres auoir excité quantité*

de faſcheux rapports à la bouche qui precedent le vomiſ-
ſement , c'eſt pourquoy ces ſortes de purgatifs ont beſoin
d'eſtre aromatiſez à cauſe de leurs mauuais gouſts , *&*
à cauſe qu'ils demeurent en l'Eſtomach. D'où il conclut
qu'Hippocrates a eu raiſon d'ordonner auec l'Elebore le Daucus , ou le Seſeli ou le Cumin ou l'anis,
ou autre remede odoriferant pour deſtourner telles incommoditez qui ont couſtume d'accompagner ceux
qui ſe ſeruent de ces remedes.

L'A N T I M O I N E a cét aduantage qu'il ne peut exciter ny eſtre cauſe qu'il y ait nauſée , rapports, vomiſſemens par aucun deſboire : Il poſſede donc plus
d'vtilités de n'auoir aucun gouſt que s'il en auoit capables de produire telles infirmitez.

C'eſt pourquoy l'experience fait voir que la puiſſance emetique qu'il poſſede fortifie l'eſtomach &
les parties nobles en chaſſant ces biles cy-deuant nommées de l'eſtomach & des parties voiſines ce que
tout autre medicament que luy ne peut faire.

Quant à ce qu'ils objeċtent que l'A N T I M O I N E
eſt emplaſtique pris au dedans : C'eſt vne ignorance
toute manifeſte , l'A N T I M O I N E peut eſtre mis en
la compoſition des emplaſtres , mais qu'il bouche les
conduits , cela eſt impoſſible , puis qu'il eſt diaphoretique , & ainſi il ne peut boucher les pores ny les conduits , d'autant que tout diaphoretique débouche les
pores tant interieurs qu'exterieurs, ſelon Galien.

Ils objeċtent enfin que l'A N T I M O I N E *par ſa faculté*
occulte abbat les forces des parties nobles , & que c'eſt of-
fencer Hippocrates de le mettre au rang du Tetragωnon.

On répond que c'eſt tout le contraire , & que cet-

A R T. XV.
Que l'An-
timoine ne
peut eſtre
poiſon.

te medifance ne fe doit pas fouffrir , que l'experience
môntre iournellement & vifiblemét qu'il ne peut auoir
aucune qualité contraire ny mal-faifante aux parties
du corps , puifqu'eftant pris en decoction pour le
boire ordinaire, il n'excite ny vomiffement ny diar-
rhées , ny mefme aucunes naufées, mais refould auec
vne douceur tres-particuliere , & fond les duretez des
parties nourricieres ; donne à la chaleur naturelle fecours auantageux pour fortifier les parties qui ont la
puiffance d'ayder aux autres & leur communique vne
viuante force, renouuelle leur puiffance en fubtili-
fant , refoûdant & faifant tranfpirer & paffer par les
pores ce qui les incommode : de façon qu'il eft de fa
Nature, diaphoretique ; fortifiant les parties du corps
qui font le cerueau , le cœur & le foye , & chaffant
au dehors en fuite par l'affiftance qu'il porte à ces
parties principales les humeurs fur-abondantes , c'eft
ce qui a conuié ce fameux Philofophe de nommer
l'ANTIMOINE le BAVLME DE LA VIE ,
Balfamum vitæ & Medentem Mumiam , la Mumie curatiue ; Son fçauoir a produit ces epithetes à l'AN-
TIMOINE connoiffant fa force & fa vertu balfa-
mique capable de reformer vne folution de continuité foit exterieure foit interieure auec la mefme
douceur & biens-faits que Galien a reconnus eftre en
luy pour les folutions de continuité des yeux , net-
toyer conferuer les parties interieures & auec beaucoup de puiffance les parties nobles ; animer leurs vertus pour furmonter non feulement quelques folutions
qui feroient en leur regions : mais les excrements &
les humeurs qui fur-abondent & caufent pour l'ordi-

naire

naire tels dégasts ausdites parties. Outre ces vertus ce grand homme veut encore que l'ANTIMOINE n'ayant aucune vertu contraire à quelque partie que ce soit du corps de l'homme aye la puiſſance & la qualité d'vn ale-xithere & *Contrepoiſon*, d'où il l'a nommé *Mumie*, puiſque l'experience le prouue tant par ceux qui le prennent pour leur boire ordinaire, & qui man-gent dans les vaiſſelles faites de regule d'A N T I-M O I N E; que de ceux qui fondent le Plomb, leſ-quels s'ils fondent le Plomb ſeul ſentent vne gran-de foibleſſe qui les incommode; où lors qu'ils meſlent l'ANTIMOINE auec le Plomb & les fondent enſem-ble par la force & la vertu alexithere de l'A N T I-M O I N E ils ſont exempts de toutes ces incommodi-tez. D'où ils concluënt que tant s'en faut qu'il puiſſe eſtre mal-faiſant, qu'au contraire il eſt preſeruatif & empeſche que les parties ne reçoiuent de l'incommo-dité.

Ils ajoûtent que tout poiſon eſt ce qui change tou-te noſtre ſubſtance & la corrompt & ne peut eſtre en aucune façon changé ny alteré par noſtre nature, & ce à cauſe d'vne antipathie & d'vne force exceſſiue & vertu funeſte; par ce mot de *Nature* on entend toute la ſubſtance vniuerſelle & le temperament ou meſlan-ge premier des élemens. L'ANTIMOINE ne chan-ge aucunement noſtre ſubſtance & ne corrompt au-cune des parties du corps, puiſque l'on a aſſez juſti-fié qu'il les fortifioit, tant par ſa vertu cachée que par ſes puiſſances manifeſtes, d'où vient qu'il n'a au-cune antipathie auec les parties du corps de l'hom-me, il n'emprunte aucune qualité ſouueraine de pas

vn des Elemens fimples , ne peut de foy caufer la mort
à perfonne , n'ayant aucune qualité phtoroꞷoïjtique
corrompante , mais pluftoft alexithere.

Enfin vous voyez (Mon CHER PHILIATRE) la calomnie & le blafme que veulent donner à vn fi lou-
able & fi excellent remede , ceux qui n'ont aucune
Philofophie des Metaux & Mineraux , & qui en igno-
rent les preparations, veu qu'il eft tres-capable de ga-
-rantir les hommes de quantité de douleurs & autres
incommoditez.

ART. XVI. Vous fçauez que le Medecin eft comparé à vn bon
Que le fçauãt   Pilote, lequel conduit fon vaiffeau & le manie comme
Medecin eft   il veut & malgré les vens l'empefche par fa vigilance de
comparé à vn   faire naufrage. ; par fon experience le deftourne des
Pilote.   efcueils & des rochers qui le pouroient brifer, & des
terres, bancs de fable & autres rencontres qui le pouroient entr'ouurir. Le corps de l'homme eft vn vaiffeau de terre , mais comme dit Galien Γηινον ἄγαλμα,
vn miracle de bouë qui flotteroit au gré des Elemens,
fi le Medecin qui en eft le Pilotte & le conducteur , par
fa fcience & fon raifonnement ne luy feruoit de guide de phanal & de lumiere : c'eft fon experience qui fait
detourner le corps de l'homme des maladies qui font les
efcueils & des autres rencontres, aufquelles il eft fubject
tandis qu'il eft compofé de ces Elemens qui luy feruent
comme de vens propres à le faire voguer & durer
jufques à ce qu'il foit pourry , puifqu'il eft ainfi re-
folu de tout temps & confirmé par cét arreft
veritable & facré *Omnes ficut veftimentum veterafcent.*
De forte que le Medecin bon Pilotte , le miniftre
de la Nature doit confiderer la trempe de chaque

corps meſlé qui peut eſtre & ſeruir aux parties , ou
d'alimens , ou de medicament , ou de poiſon ; comme auſſi le temperament des parties du corps de
l'homme pour connoiſtre de combien de degrez ils
ſont eſloignez de la reigle & de la loy de la Iuſti-
ce ou de l'Ordonnance du meſlange premier des Elemens ; comme auſſi faire choix des alimens ou medicamens pour rabatre l'excez de la domination des
Elemens ou augmenter la diminution du degré de
la Mixtion premiere , ce qui doit faire ſouhaiter
vn excellent conducteur ou ſçauant Medecin pour
doſer la quantité ſuffiſante de l'aliment ou du medicament afin de reſtablir les deſordres des maladies,
par remedes contraires , pour empeſcher les poiſons ,
& ne reſſembler pas aux mauuais Pilotes qui par
ignorance & ſans auoir aucune experience des co-
ſtés laiſſent perir leur vaiſſeau faute de jugement de
ſcience & de conduite.

Toutes ces raiſons ces conſiderations , & les
grandes experiences cognuës à la plus grande & meil-
leure partie de l'Eſcholle de Meſſieurs les Docteurs de
Paris , qui ſont les perſonnes ſacrées, qu'Hippocrates appelle ὁρισμένες νόμῳ ἰητρικῷ leur ont fait recognoiſtre en
l'année 1638. que l'ANTIMOINE eſtoit vn bon &
excellent remede , en ſorte qu'ils luy ont donné pla-
ce en leur Antidotaire, & l'ont mis au rang de leurs
electuaires purgatifs auec les preparations Chemiques.

ART. XVII. Que Mᵣˢ les Docteurs de la Faculté de Paris en Medecine ont reconnu que l'*Antimoine* eſt vn excellent remede.

Ne ſeroit-ce pas vne offence ſignalée que l'on fe-
roit à Meſſieurs de la Faculté de Medecine de Paris,
que de leur reprocher qu'ils auroient mis en leur Antidotaire vn poiſon pour faire ſeruir aux Bourgeois

& habitans de cette Ville, qui eſt le ſejour & l'habi-
tation des Roys, des Princes, & de leurs Cours ; &
faire garder aux Apotiquaires ce remede, leur faire
tenir preſt pour le ſeruice, d'en ordonner ainſi au dé-
triment des Malades : iamais vne ſi celebre compa-
gnie, n'auroit peu ny deu eſtre eſtimée d'auoir eſta-
bly & approuué vn remede qui euſt eſté funeſte,
& ſeruiſt de poiſon aux ſubjects du Roy. Mais cette
genereuſe aſſemblée de Docteurs a bien eu d'autres
ſentimens, elle qui porte en ſa deuiſe qu'elle n'eſtu-
die que pour rendre la ſanté à la ville & à tout le
domaine qu'elle ſouhaitte à ſon Roy, *Vrbi & Orbi
ſalus*, ſignifie par ſon Antidotaire que l'A N T I M O I-
N E ne peut eſtre qualifié du nom odieux de poiſon,
& maintient que c'eſt vne enuie & calomnie de
quelques particuliers d'attribuer à ce remede cette per-
nicieuſe qualité ; que l'experience marque le contraire, & que l'A N T I M O I N E eſt plûtoſt preſeruatif,
alexithere & défenſif, ſoit ſeul ou joinct à ſes ſemblables. C'eſt pourquoy cette ſçauante Eſcholle entiere-
ment attachée à la doctrine d'Hippocrates & de Galien à tres-doctemeut conceu que l'A N T I M O I N E
eſtoit non ſeulement propre pour les yeux, mais auec
vne beaucoup plus excellente vertu, eſtre *deffenſif des
parties nobles*, de contribuer par ſes vertus au ſoulagemét
des autres parties; ce qui les a obligé de le mettre en leur
Antidotaire, au rang des purgatifs ſuiuant l'obſeruation
qu'ils en ont faite, & font journellement ; n'oublier
aucune deuë preparation & choix, pour la compoſition du V I N A N T I M O N I A L, dit *Vin Emeti-*

que ou *Alcohol vineux*, ou infufion du *Foye* d'Aɴᴛɪᴍᴏɪɴᴇ autrement dit *Saffran des Metaux.*

De forte que la Bafe qui fouftient les qualitez purgatiues de cét Antidote liquide eft l'Aɴᴛɪᴍᴏɪɴᴇ
qu'il faut choifir, & remarquer qu'il y en a de deux efpe-
ces dont l'vne eft dicte mafle, & l'autre & femelle ; la
premiere eft la plus terreftre, & la plus legere, &
d'autant que la femelle brillante, eftincelante eft plus
pefante, & par confequent plus remplie de Metal. Il
faut conclurre auec Diofcoride que l'Aɴᴛɪᴍᴏɪɴᴇ
dont on doit faire choix eft reputé le meilleur quand
il eft le plus brillant, & eftincelant par filets, qui
s'egruge en fe caffant, & n'a gueres de terre attachée ny rien de falle ou d'eftranger meflé auec foy.

L'Aɴᴛɪᴍᴏɪɴᴇ ainfi choifi fe calcine, pour
auoïr fa fubftance terteftre plus fubtile & plus agif-
fante, & par l'edulcoration on netoye cette fubftance
mettallique, & par vn autre degré de feu propre à extraire les vertus emetiques, purgatiues & alexithe-
res enfermées dans fes parties contenuës, l'on communique & infufe fes puiffances ou au Vɪɴ blanc, ou
autres menftrues felon le deffein & l'indication du
mal. Voilà pourquoy on a eu efgard aux preparations
neceffaires pour rendre le Vɪɴ emetique, & par
detonation augmenter la puiffance de l'Aɴᴛɪᴍᴏɪɴᴇ
y joignant le Salpeftre tant pour efleuer fa vertu e-
metique, que purgatiue : eftant le propre du Salpêtre d'attenuer & fubtilifer les humeurs lentes & groffieres ; d'où Galien conclud que *Toutes les chofes que*
vous rencontrerés nitreufes & ameres font toutes propres à
defboucher les pores du corps. Or le medicament purga-

Aʀᴛ. XVIII.
Pourquoy
l'*Antimoine*
eft joint au
Salpêtre.

Liure 5. des
vertus des
medicamens
fimples. *Edi-*
tion de Char-
tier.

tif qui poffede fes parties valatiles & fubtiles purge
auec moins de peine & beaucoup plus de douceur que
celuy qui eft remply de parties groffieres heterogenes : & partant le Souphre impur de l'A N T I M O I-
N E eftant par la *detonation* euaporé ; fa vertu purgatiue eft plus douce & plus pure. Cette mefme *Detona-*
tion efleue fa vertu alexithere & le rend plus propre à
fortifier les parties nobles & chaffer les humeurs malignes , & infections ou corruptions interieures. L'experience en fuft découuerte par vn *Vilageois de Grece*

Gal.Liu.9.ch.
3.des medica-
mens fimples,
art. 18. Edi-
tion de Char-
tier.

lequel apres auoir mangé des champignons eftoit fur le
point d'eftre fuffoqué par leur vertu mal-faifante & fuft
guery par le Nitre, d'où l'on fe fert aujourd'huy en pareilles
rencontres du Nitre crud ou calciné à caufe qu'il a la puif-
fance de defboucher & de digerer tant pris en dehors qu'en
dedans , il incife & attenuë les groffes humeurs & gluantes
attachées & collées aux parties ; foit qu'il foit pris pour man-
ger ou pour boire ayant les mefmes facultez : Puifque
l'A N T I M O I N E ofte les poifons de l'eftomach qu'il a
la puiffance de defoppiler, qu'il eft purgatif & defend
les parties nobles , & qui plus eft fond les abcés ca-
chez & les duretez des parties nourricieres accompa-
gné du Salpêtre: il eft impoffible que le remede compofé des deux ne foit vn tres-excellent Alexithere
propre à conferuer la chaleur naturelle & à tirer les
biles de diuerfes teintures craffes & tenaces, la fermen-
tation defquelles remplit & afflige la tefte; caufe quantité d'obftructions pareilles & de femblable nature à
celles qu'à décrit Hippocrates deuoir eftre enleuées
par fon *Tetragonon* , & par confequent l'A N T I-
M O I N E fera ce *Tetragonon* , cette *mumie* ce-

ratiue ce *Baulme de vie*, & la tres-hautē & *sublime Me-*
decine, qui communique ces puissances au VIN,
le propre duquel est de conseruer & deffendre le cœur
& les parties principales; mesmes celles qui sont les
plus delicates & qui se pouroient offencer par les eua-
cuations : l'ANTIMOINE en eschange estant infusé
dans le VIN empesche qu'il ne se gaste & le conserue plusieurs années & communique au VIN ge-
nereux ses plus profonds secrets.

Excellent *Tetragonon*! *Medicina sublimior*! puisqu'elle
purge l'*Or* & le purifie; qu'elle oste les corruptions
& gangrenes Metalliques; rend à l'homme par ses
diuérses detonations, tant de soulagemens particuliers! Elixir particulier de l'ANTIMOINE pour pro-
longer les jours! par lequel on à creu l'ANTIMOINE
auoir esté nommé τρὸς δ ἀὶϰμδγ'ψ τρὸς τὸν βίον, de ce
qu'il contribuë au maintien de la vie. C'est assez (MON
CHER PHILIATRE) ANTIMONIER ces dou-
tes & éclaircir ces difficultez, n'auez-vous pas l'anatomie de ce *Mineral* vous reste-il encore quelque difficulté à leuer? vous pouuez conjecturer que par les diuerses preparations & trauaux Philosophiques, il se trouue vne essence ANTIMONIALE qui rend la perfection aux *Métaux*, auec lesquels il a grande alliance
& affinité par son *Soufre incombustible*; & la santé aux
Hommes, les deliurans de ces estats déplorables & mi-
serables ou ils seroient reduicts sans son secours, comme vous pourrez voir dans les particuliers trauaux de
l'ANTIMOINE en nostre Cours Chemique, con-
cluez donc que *non est sub Cœlo Medicina sublimior*, tant
pour les *Hommes* que pour les *Métaux*, & si apres ces

ART. XIX.
Conclusion,
que l'*An-*
timoine est le
Tetragonon
d'Hippocra-
tes, & la Me-
decine la plus
sublime.

raisons & ces expériences confirmées par l'authorité de si grands Philosophes & Chemistes vous n'estes assez illuminé, vous pouuez prendre les Lunetes, les Torches, & les Flambeaux du *Hibou* de *Khunrath*, pour vous conduire, puisque au recit d'Aristote, la plus grande partie des *Hommes* est de la nature des *Chats-Huans*, & ne peut voir clair en pleine lumiere; mesme aux choses qui naturellement & visiblement tombent d'elles-mesme en leur cognoissance.

Le HIBOV *fuit la Clarté vinifique,*
Et bien qu'il ayt Lunetes & Flambeaux,
Il ne peut voir les Secrets les plus beaux
*De l'*ANTIMOINE *& du* VIN *Emetique.*

www.ingramcontent.com/pod-product-compliance
Lightning Source LLC
Chambersburg PA
CBHW050544210326
41520CB00012B/2715